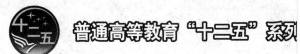 普通高等教育"十二五"系列

C++程序设计
学习与实验指导

编 著　张丽静　潘卫华　王　红
　　　　张锋奇　罗贤缙　高　伟
主 审　王振旗

中国电力出版社
CHINA ELECTRIC POWER PRESS

内 容 提 要

本书为普通高等教育"十二五"系列教材，是《C++程序设计教程》一书的配套实验参考书。

本书包含两部分内容，第一部分是《C++程序设计教程》习题参考答案；第二部分是上机实验指导。上机实验指导部分共 8 章，主要内容包括实验环境及其操作，上机实验的指导思想和要求，基本结构的程序设计，算法及应用，构造数据，综合、设计型实验，字符串处理，类和对象，利用 MFC 进行 Windows 程序设计。此外，本书还包含 C++语言出错中英文对照表。

本书可作为普通高等学校相关专业的教学参考书。

图书在版编目（CIP）数据

C++程序设计学习与实验指导 / 张丽静等编著. —北京：
中国电力出版社，2011.2（2021.5 重印）
普通高等教育"十二五"规划教材
ISBN 978-7-5123-1315-6

Ⅰ. ①C… Ⅱ. ①张… Ⅲ. ①C 语言－程序设计－高等学校－教学参考资料 Ⅳ. ①TP312

中国版本图书馆 CIP 数据核字（2011）第 006509 号

中国电力出版社出版、发行
（北京市东城区北京站西街 19 号 100005 http://www.cepp.sgcc.com.cn）
三河市航远印刷有限公司印刷
各地新华书店经售

*

2011 年 2 月第一版 2021 年 5 月北京第十二次印刷
787 毫米×1092 毫米 16 开本 13 印张 316 千字
定价 **39.00** 元

前　言

　　本书为作者所编著《C++程序设计教程》（中国电力出版社出版）一书的配套实验参考书。高级语言程序设计是高校理工科学生的必修课程，通过程序设计的学习，以培养学生用计算机解决实际问题的能力。由于课程实践性很强，必须通过大量的编程、上机实践才能真正理解和掌握 C++语言和程序设计的方法，提高程序编写和调试的能力。我们组织了实践教学经验丰富的教师，编写了本书。

　　本书包含两部分内容，第一部分对《C++程序设计教程》中各章的习题进行了详细地解答，包括算法分析、流程图和程序清单，一些重要的程序还附有运行结果。第二部分是实验指导，共有八章，第一章和第二章是 C++程序的开发环境以及上机指南，详细介绍了 Visual C++ 6.0 集成开发环境下 C++程序的上机过程，使读者尽快熟悉 C++程序开发流程；第三章、第四章及第五章是面向过程编程的实验内容，与《C++程序设计教程》的主要知识点相对应，使读者通过上机实践，真正掌握 C++语言编程的要点以及基本的算法。每个实验的内容安排了难度层次各异的题目，以适应不同读者的要求，教师可以根据课程的目的和要求有针对性地安排实验；第六章是综合、设计型实验，指导读者设计一些特殊算法的程序；第七章和第八章是面向对象的程序设计实验，通过这些实验，读者可以很容易地理解面向对象程序设计的概念，并能初步掌握在 Visual C++ 6.0 的环境下使用 MFC 设计 Windows 应用程序的方法。

　　本书编写分工如下：张丽静编写第一部分的第三章、第四章、第五章，第二部分的第一章、第二章、第三章和第七章、第八章的部分内容，并负责全书的统稿；潘卫华编写第一部分的第十章，第二部分的第五章、第三章和第四章中程序调试内容、第五章中的程序异常处理以及第六和第七章中的部分内容；张锋奇编写第一部分中第六章和第二部分第四章的实验一；王红编写第一部分的第七章、第八章、第九章和第二部分中第四章的实验二和实验三；高伟编写第二部分的第六章；罗贤缙编写每个实验中改错题目以及附录 A。本书由华北电力大学王振旗主审。本书的编写得到了华北电力大学教研室其他老师的大力支持，在此一并表示感谢。

　　限于作者水平和时间，书中难免有不妥之处，恳请广大读者批评建议。

作　者

2011 年 1 月

目　　录

前言

第一部分　习题参考答案

第三章　顺序结构程序设计 ⋯⋯⋯⋯⋯⋯⋯⋯⋯⋯⋯⋯⋯⋯⋯⋯ 1
第四章　选择结构程序设计 ⋯⋯⋯⋯⋯⋯⋯⋯⋯⋯⋯⋯⋯⋯⋯⋯ 5
第五章　循环结构的程序设计 ⋯⋯⋯⋯⋯⋯⋯⋯⋯⋯⋯⋯⋯⋯⋯ 14
第六章　函数 ⋯⋯⋯⋯⋯⋯⋯⋯⋯⋯⋯⋯⋯⋯⋯⋯⋯⋯⋯⋯⋯⋯ 21
第七章　数组 ⋯⋯⋯⋯⋯⋯⋯⋯⋯⋯⋯⋯⋯⋯⋯⋯⋯⋯⋯⋯⋯⋯ 39
第八章　指针 ⋯⋯⋯⋯⋯⋯⋯⋯⋯⋯⋯⋯⋯⋯⋯⋯⋯⋯⋯⋯⋯⋯ 57
第九章　文件 ⋯⋯⋯⋯⋯⋯⋯⋯⋯⋯⋯⋯⋯⋯⋯⋯⋯⋯⋯⋯⋯⋯ 64
第十章　构造数据类型 ⋯⋯⋯⋯⋯⋯⋯⋯⋯⋯⋯⋯⋯⋯⋯⋯⋯⋯ 67

第二部分　实验指导

第一章　实验环境及其操作 ⋯⋯⋯⋯⋯⋯⋯⋯⋯⋯⋯⋯⋯⋯⋯⋯ 71
　1.1　Visual C++ 6.0 的安装和启动 ⋯⋯⋯⋯⋯⋯⋯⋯⋯⋯⋯⋯ 71
　1.2　建立和运行一个最简单的 C++程序 ⋯⋯⋯⋯⋯⋯⋯⋯⋯ 75
　1.3　建立和运行包含多个文件的程序 ⋯⋯⋯⋯⋯⋯⋯⋯⋯⋯ 79
第二章　上机实验的指导思想和要求 ⋯⋯⋯⋯⋯⋯⋯⋯⋯⋯⋯ 83
　2.1　上机实验的目的 ⋯⋯⋯⋯⋯⋯⋯⋯⋯⋯⋯⋯⋯⋯⋯⋯⋯ 83
　2.2　上机实验前的准备工作 ⋯⋯⋯⋯⋯⋯⋯⋯⋯⋯⋯⋯⋯⋯ 83
　2.3　上机实验的步骤 ⋯⋯⋯⋯⋯⋯⋯⋯⋯⋯⋯⋯⋯⋯⋯⋯⋯ 84
　2.4　实验报告 ⋯⋯⋯⋯⋯⋯⋯⋯⋯⋯⋯⋯⋯⋯⋯⋯⋯⋯⋯⋯ 84
第三章　基本结构的程序设计 ⋯⋯⋯⋯⋯⋯⋯⋯⋯⋯⋯⋯⋯⋯⋯ 85
　实验一　顺序结构的程序设计 ⋯⋯⋯⋯⋯⋯⋯⋯⋯⋯⋯⋯⋯ 85
　实验二　选择结构程序设计 ⋯⋯⋯⋯⋯⋯⋯⋯⋯⋯⋯⋯⋯⋯ 88
　实验三　循环结构程序的设计 ⋯⋯⋯⋯⋯⋯⋯⋯⋯⋯⋯⋯⋯ 94
　程序调试——语法错误处理 ⋯⋯⋯⋯⋯⋯⋯⋯⋯⋯⋯⋯⋯⋯ 104
第四章　算法及应用 ⋯⋯⋯⋯⋯⋯⋯⋯⋯⋯⋯⋯⋯⋯⋯⋯⋯⋯⋯ 107
　实验一　函数的应用 ⋯⋯⋯⋯⋯⋯⋯⋯⋯⋯⋯⋯⋯⋯⋯⋯⋯ 107
　实验二　数组的应用 ⋯⋯⋯⋯⋯⋯⋯⋯⋯⋯⋯⋯⋯⋯⋯⋯⋯ 126
　实验三　指针的应用 ⋯⋯⋯⋯⋯⋯⋯⋯⋯⋯⋯⋯⋯⋯⋯⋯⋯ 136
　程序调试——运行错误的判断与调试 ⋯⋯⋯⋯⋯⋯⋯⋯⋯⋯ 140

第五章　构造数据类型实验 ··· 148

　实验一　结构体 ·· 148

　实验二　共用体 ·· 150

第六章　综合、设计型实验 ··· 151

　实验一　一维数组 ··· 151

　实验二　二维数组 ··· 152

　实验三　绘制图形 ··· 154

　实验四　字符串处理 ·· 156

　实验五　进制转换 ··· 157

　实验六　大整数的数学运算 ··· 157

　实验七　枚举法 ·· 159

　实验八　递推法 ·· 161

　实验九　递归法 ·· 163

　实验十　自动出题 ··· 166

第七章　类和对象 ·· 168

　实验一　类的定义及使用 ··· 168

　实验二　继承与派生 ·· 173

第八章　利用 MFC 进行 Windows 程序设计 ····························· 177

　实验一　Windows 程序设计的初步 ·· 177

　实验二　编辑框应用程序的设计 ·· 184

　实验三　菜单设计 ··· 186

　实验四　复选框的设计 ·· 188

　实验五　滚动条的设计 ·· 190

　实验六　列表框和组合框的设计 ·· 191

　实验七　单选按钮的设计 ·· 193

　实验八　综合设计 ··· 195

附录 A　C++语言出错中英文对照表 ··· 196

参考文献 ··· 202

第一部分　习题参考答案

第三章　顺序结构程序设计

1. 写出 C++基本程序的结构及程序结构的特点。

略。

2. 什么是算法？

略。

3. 写出下列程序的运行结果。请先阅读程序，分析应输出的结果，然后上机验证。

（1）程序

```
#include<iostream.h>
void main()
{ float d=3.2; int x,y;
x=1.2; y=(x+3.8)/5.0;
cout<< d*y;
}
```

结果：0

（2）程序

```
#include<iostream.h>
#include<iomanip.h>
void main()
{ double f,d; long l; int i;
 i=20/3; f=20/3; l=20/3; d=20/3;
 cout<<setiosflags(ios::fixed)<<setprecision(2);
 cout<<"i="<<i<<"l="<<l<<endl<<"f="<<f<<"d="<<d;
}
```

结果：i=6 l=6

f=6.00 d=6.00

（3）程序

```
#include<iostream.h>
void main()
{int c1=1,c2=2,c3;
c3=1.0/c2*c1;
cout<<"c3="<<c3;
}
```

结果：$c3$=0

（4）程序

```
#include<iostream.h>
void main()
```

```
{ int a=1, b=2;
 a=a+b; b=a-b; a=a-b;
 cout<<a<<","<<b;}
```

结果：2，1

（5）程序

```
#include<iostream.h>
void main()
{
int i,j,m,n;
i=8;
j=10;
m=++i;
n=j++;
cout<<i<<","<<j<<","<<m<<","<<n<<endl;
}
```

结果：9，11，9，10

（6）程序

```
#include"iostream.h"
void main()
{char c1='a',c2='b',c3='c',c4='\101',c5='\116';
cout<<c1<<c2<<c3<<"\n";
cout<<"\tb"<<c4<<'\t'<<c5<<endl;
}
```

结果：abc

bA   N

（7）程序

```
#include"iostream.h"
void main()
{char c1='C',c2='+',c3='+';
cout<<"I say:\""<<c1<<c2<<c3<<'\"';
cout<<"\t\t"<<"He says:\"C++ is very interesting!\""<<endl;
}
```

结果：I say："C++"   He says："C++ is very interesting!"

4. 下列程序的输出结果是 16.00，请填空。

```
#include<iostream.h>
#include<iomanip.h>
void main()
{ int a=9, b=2;
float x= ___, y=1.1,z;
 z=a/2+b*x/y+1/2;
cout<<setiosflags(ios::fixed)<<setprecision(2);
cout<<z <<"\n"; }
```

x= <u>6.6</u>

5. 要将 China 译成密码，密码规律：用原来字母后面的第 4 个字母代替原来的字母。例如，字母 A 后面第 4 个字母是 E，用 E 代替 A。因此，China 应译为 Glmre。请编一段程序，用赋初值的方法使 c1、c2、c3、c4、c5 五个变量的值分别为 C、h、i、n、a，经过运算，使 c1、c2、c3、c4、c5 的值分别变为 G、l、m、r、e，并输出。

分析：大写字母 C 的 ASCII 代码是 67，大写字母 G 的 ASCII 代码是 71，二者的差为 4，其余字母情况与此相同，因此，将变量 c1、c2、c3、c4、c5 的值分别加 4 后，它们的值就分别变为 C、h、i、n、a，程序与运行结果如下。

程序

```
#include"iostream.h"
void main()
{char c1,c2,c3,c4,c5;
 c1='C';c2='h';c3='i';c4='n';c5='a';
 c1=c1+4;
c2=c2+4;
c3=c3+4;
c4=c4+4;
c5=c5+4;
cout<<c1<<c2<<c3<<c4<<c5<<endl;
}
```

运行结果：

```
Glmre
```

6. 若 $a=3$，$b=4$，$c=5$，$x=1.2$，$y=2.4$，$z=-3.6$，$u=51274$，$n=128765$，$c1='a'$，$c2='b'$，想得到以下的输出格式和结果，请编写程序（包括定义变量类型和设计输出）。要求输出的结果如下：

```
a= 3  b= 4  c= 5
x=1.200000,y=2.400000,z=-3.600000
x+y= 3.60  y+z=-1.20  z+x=-2.40
u= 51274  n= 128765
c1='a' or 97(ASCII)
c2='b' or 98(ASCII)
```

程序

```
#include<iostream.h>
#include<iomanip.h>                        //输出格式头文件
void main()
{int a=3,b=4,c=5 ,u=51274,n=128765;
 float x=1.2,y=2.4,z=-3.6;
 char c1='a',c2='b';
 cout<<"a="<<a<<"  b="<<b<<"  c="<<c<<endl;
 cout<<setiosflags(ios::fixed)<<setprecision(6);   //设置输出数据保留6位小数
 cout<<"x="<<x<<",y="<<y<<",z="<<z<<endl;
 cout<< setprecision(2);                    //设置输出数据保留两位小数
 cout<<"x+y="<<x+y<<"  y+z="<<y+z<<"  z+x="<<z+x<<endl;
 cout<<"u= "<<u<<"  n=  "<<n<<endl;
 cout<<" c1='a' or 97(ASCII)"<<endl;
```

```
cout<<" c1='b' or 98(ASCII)"<<endl;
}
```

运行结果:

```
a=3  b=4  c=5
x=1.200000,y=2.400000,z=-3.600000
x+y=3.60  y+z=-1.20  z+x=-2.40
u= 51274  n=  128765
c1='a' or 97(ASCII)
c1='b' or 98(ASCII)
```

7. 设圆半径 r=1.5，圆柱高 h=3，求圆周长、圆面积、圆球表面积、圆柱体积。用 cin 输入数据，输出计算结果，输出时要求有文字说明，取小数点后两位数字。请编写程序。

程序

```
#define PI 3.14159
#include<iostream.h>
#include<iomanip.h>
 void main()
{ float r,h,zc,mj,bmj,tj;
 cin>>r>>h;                              //输入圆半径 r 和圆柱高 h
 zc=2*r*PI;                              //计算圆周长 zc
 mj=r*r*PI;                              //计算圆面积 mj
 bmj=4*PI*r*r*r;                         //计算圆球表面积 bmj
 tj=PI*r*r*r*h;                          //计算圆柱体体积 tj
 cout<<setiosflags(ios::fixed)<<setprecision(2);
 cout<<圆周长:<<zc<<endl;
 cout<<圆面积:<<mj<<endl;
 cout<<圆球表面积:<<bmj<<endl;
 cout<<圆柱体积:<<tj<<endl;
}
```

运行结果:

```
1.5 3
圆周长:9.42
圆面积:7.07
圆球表面积:42.41
圆柱体积:7.95
```

8. 输入一个华氏温度，要求输出摄氏温度。公式为 $c=5/9*(F-32)$ 输出要有文字说明，取 2 位小数。

程序

```
#include<iostream.h>
#include<iomanip.h>
void main()
{float c,f;
 cout<<"请输入一个华氏温度:";
 cin>>f;
 c=5.0/9.0*(f-32);                      //注意 5 和 9 用实型表示,否则 5/9 的值为 0。
 cout<<setiosflags(ios::fixed)<<setprecision(2);
```

```
    cout<<"摄氏温度:"<<c<<endl;
}
```

运行结果:

请输入一个华氏温度:100
摄氏温度:37.78

第四章　选择结构程序设计

1. **解**　在求解一个逻辑表达式时,若结果值为"真",则在 C++中以 1 表示;若其值为"假",则以 0 表示。但是在判断一个逻辑量的值时,以非 0 代表"真",以 0 代表"假"。

2. 写出下面各逻辑表达式的值。设 $a=3$,$b=4$,$c=5$。

(1) a+b>c && b==c

(2) a||b==c && b−c

(3) ! (a>b)　&& ! c||1

(4) ! (a+b) +c−1 && b+c/2

解　各逻辑表达式的值如下:

(1) 0　　　　(2) 0　　　　(3) 1　　　　(4) 1

3. 写出下列程序的运行结果。

(1) 程序

```
#include<iostream.h>
void main()
{ int  a,b,c=246;
  a=c/100%9;
  b=(-1)&&(-1);
  cout<<a<<","<<b;
}
```

运行结果:

2,1

(2) 程序

```
#include<iostream.h>
void main()
{ int m=5;
if(m++>5) cout<<m;
else  cout<<m--;}
```

运行结果:

6

(3) 程序

```
#include<iostream.h>
void main()
{int a=1,b=3,c=5,d=4,x;
if(a<b)
```

```
        if(c<d)  x=1;
        else
                if(a<c)
                  if(b<d)  x=2;
                  else x=3;
              else x=6;
else x=7;
cout<<"x="<<x;}
```

运行结果：

x=2

（4）程序

```
    #include<iostream.h>
    void main()
{ float x=2.0,y;
 if(x<0.0)  y=0.0;
 else if(x<10.0)  y=1.0/x;
      else y=1.0;
 cout<<y;
 }
```

运行结果：

0.5

（5）程序

```
#include<iostream.h>
void main()
{ int a=4,b=5,c=0,d;
d=!a&&!b||!c;
cout<<d<<endl;
}
```

运行结果：

1

（6）程序

```
#include<iostream.h>
void main()
{
   int x,y;
   cout<<"Enter x and y:";
  cin>>x>>y;
   if (x!=y)
       if (x>y)
           cout<<"x>y"<<endl;
       else
           cout<<"x<y"<<endl;
else
```

```
    cout<<"x=y"<<endl;
}
```

运行结果：

```
Enter x and y:5 6
x<y
```

（7）程序

```
#include <iostream.h>
void main(void)
{
 int day;
 cin >> day;
 switch (day)
 {
   case 0:  cout << "Sunday" << endl;  break;
   case 1:  cout << "Monday" << endl;  break;
   case 2:  cout << "Tuesday" << endl; break;
   case 3:  cout << "Wednesday" << endl;break;
   case 4:  cout << "Thursday" << endl;break;
   case 5:  cout << "Friday" << endl;  break;
   case 6:  cout << "Saturday" << endl;break;
  default:cout << "Day out of range Sunday .. Saturday" <<endl;
      break;
  }
  }
```

运行结果：

```
0 ↵
Sunday
```

运行程序输入数据 9，结果如下：

```
9 ↵
Day out of range Sunday .. Saturday
```

4．在执行以下程序时，为了使输出结果为 $t=4$，则给 a 和 b 输入的值应满足的条件是什么？

```
#include<iostream.h>
void main()
{ int s,t,a,b;
cin>>a>>b;
s=1; t=1;
if(a>0)s=s+1;
if(a>b)t=s+1;
  else if(a= =b)t=5;
    else t=2*s;
cout<<"t="<<t<<endl;
}
```

解　$a>0$ 并且 $a<b$

5. 有一个函数

$$y = \begin{cases} x^2 - 1 & (x<1) \\ 2x - 1 & (1 \leq x < 10) \\ 3x - 11 & (x \geq 10) \end{cases}$$

写一个程序，输入 x 值，输出 y 值。

提示　根据 x 的取值范围判断计算 y 的公式，可使用 if　else 语句进行多重判断。流程图如图 4-1 所示。

程序

```
#include<iostream.h>
void main()
{float x,y;
cin>>x;
if(x<1)
  y=x*x-1;
else if(x<10)
  y=2*x-1;
  else
    y=3*x-11;
cout<<"x="<<x<<"y="<<y<<endl;
}
```

运行程序输入"9"，结果如下：

```
9 ↵
x=9 y=17
```

运行程序输入"0.5"，结果如下：

```
x=0.5 y=-0.75
```

运行程序输入"11"，结果如下：

```
x=11 y=22
```

6. 输入 3 个整数，输出其中的最大值。

（1）**方法一**　采用依次比较的方法进行大小比较。a 和 b 进行比较，大的放在 a 中；再让 a 和 c 进行比较，大的放在 a 中，最后输出 a。流程图如图 4-2 所示，程序如下。

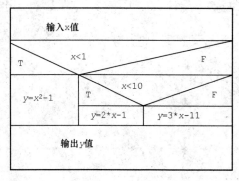

图 4-1　流程图

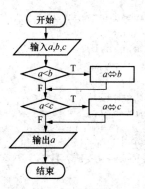

图 4-2　方法一流程图

```
#include<iostream.h>
void main()
{float a,b,c,t,d;
cin>>a>>b>>c;
if(a<b)
{t=a;
a=b;
b=t;}
if(a<c)
{d=a;
a=c;
c=d;}
cout<<a<<endl;
}
```

运行结果：

```
3 9 6
9
```

（2）**方法二**　使用 if …else if 结构在外层的 if 块中再嵌套一个 if…else，如图 4-3 所示程序如下。

```
#include<iostream.h>
void main()
{float a,b,c;
cut<<"请输入三个数据:";
cin>>a>>b>>c;
if(a<b)
  if(b<c)
    cout<<"max="<<c;
    else
    cout<<"max="<<b;
  else if(a<c)
    cout<<"max="<<c;
    else
      cout<<"max="<<a;
  cout<<endl;
}
```

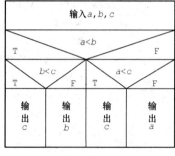

图 4-3　方法二流程图

运行结果：

```
请输入三个数:3 9 6 ↵
max=9
```

7. 给定一个不多于 5 位的正整数，试求：①求它是几位数；②分别打印出每一位数字；③按逆序打印出各位数字。例如：原数为 321，应输出 123。

　　分析　对输入不多于 5 位的正整数进行判断，可采用是否大于 9999 进行 5 位数字的判断，依次类推。求出输入数字的每一位上的数字并记录，然后反序输出。程序中变量 num 表示输入的正整数，变量 g、s、b、q、w 分别存放个、十、百、千、万位上的数字，变量 *ww* 存放这个正整数的位数。对于数据 123 利用下述方法计算百、十、个位上的数字：*b*=num/100=123/100=1，*s*=（num− *b**100）/10=（123−1*100）/10=2，*g*=num%10=123%10=3。

方法一   利用 if⋯else if 语句实现，流程图如图 4-4 所示，程序如下。

```
#include"iostream.h"
void main()
{int num,g,s,b,q,w,ww;
 cin>>num;
 if(num<10)
    {ww=1;
      g=num;
      cout<<ww<<endl<<g<<endl;}
   else if(num<100)
   {ww=2;
    s=num/10;
     g=num%10;
    cout<<ww<<endl;
    cout<<s<<g<<endl<<g<<s<<endl;}
       else if(num<1000)
           {ww=3;
            b=num/100;
            s=(num-b*100)/10;
            g=num%10;
            cout<<ww<<endl;
            cout<<b<<s<<g<<endl<<g<<s<<b<<endl;}
           else if(num<10000)
             {ww=4;
             q=num/1000;
             b=(num-q*1000)/100;
             s=(num-q*1000-b*100)/10;
             g=num%10;
               cout<<ww<<endl;
               cout<<q<<b<<s<<g<<endl<<g<<s<<b<<q<<endl;}
           else if(num<100000)
             {ww=5;
             w=num/10000;
             q=(num-w*10000)/1000;
             b=(num-w*10000-q*1000)/100;
             s=(num-w*10000-q*1000-b*100)/10;
             g=num%10;
             cout<<ww<<endl;
             cout<<w<<q<<b<<s<<g<<endl<<g<<s<<b<<q<<w<<endl;}
             else
                 cout<<"数据错误"<<endl; }
```

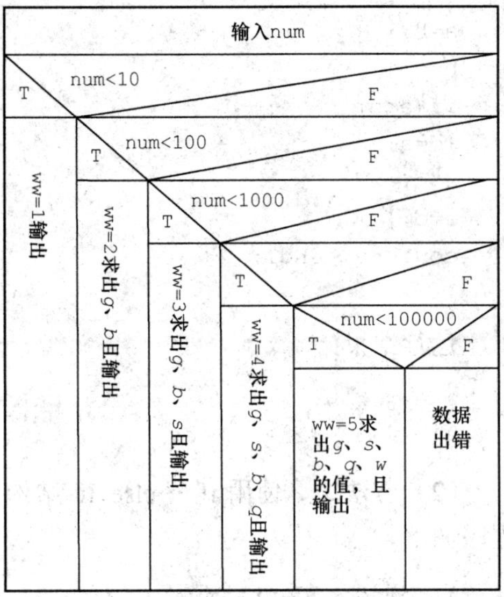

图 4-4   方法一的流程图

运行结果：

```
12 345 ↵
5
12 345
54 321
```

方法二 利用 switch 语句实现，程序如下。

```
void main()
{int num,g,s,b,q,w,ww;
cout<<"Input an integer:";
 cin>>num;
 if(num<10)
     ww=1;
   else if(num<100)
       ww=2;
         else if(num<1000)
             ww=3;
               else if(num<10000)
                  ww=4;
                 else if(num<100000)
                     ww=5;
     cout<<"位数:"<<ww<<endl;
     //计算各位数字
     w=num/10000;
     q=(num-w*10000)/1000;
     b=(num-w*10000-q*1000)/100;
     s=(num-w*10000-q*1000-b*100)/10;
     g=num%10;
     cout<<"顺序输出每位数字:";
 switch(ww)
 {case 5: cout<<w<<","<<q<<","<<b<<","<<s<<","<<g<<endl;
          cout<<"逆序输出:"<<g<<","<<s<<","<<b<<","<<q<<","<<w<<endl;
          break;
  case 4: cout<<q<<","<<b<<","<<s<<","<<g<<endl;
          cout<<"逆序输出:"<<g<<","<<s<<","<<b<<","<<q<<endl;
          break;
  case 3: cout<<b<<","<<s<<","<<g<<endl;
          cout<<"逆序输出:"<<g<<","<<s<<","<<b<<endl;
          break;
  case 2: cout<<s<<","<<g<<endl;
          cout<<"逆序输出:"<<g<<","<<s<<endl;
          break;
  case 1: cout<<g<<endl;
          cout<<"逆序输出:"<<g<<endl;
          break;
 }
}
```

8. 给一个百分制成绩，要求输出成绩等级 A、B、C、D、E。90 分以上为 A，80～89 分为 B，70～79 分为 C，60～69 分为 D，60 分以下为 E。

提示　对 0～100 之间的数据进行成绩等级判断，其他的分数视为不正确的成绩，提示输入错误。对于多重分支结构，采用 switch 语句进行分支判断。程序如下：

```
#include<iostream.h>
void main()
{float score;
cout<<"please enter score of student:\n";
cin>> score;
if(score >100|| score <0)
 cout<<"data error"<<endl;
else
{switch ((int) score/10)
   {case 10:
    case 9:cout<<"A"<<endl; break;
    case 8:cout<<"B"<<endl; break;
    case 7:cout<<"C"<<endl; break;
    case 6:cout<<"D"<<endl; break;
   default:cout<<"E"<<endl;}
cout<<endl;}
}
```

运行结果：

```
please enter score of student:
100
A
89 ↵
B
```

9．企业发放的奖金根据利润提成。利润 i 低于或者等于 10 万元时，奖金可提成 10%；利润高于 10 万元，低于 20 万元时（100 000<i≤200 000），其中 10 万元按照 10%提成，高于 10 万元的部分，可提成 7.5%；200 000<i≤400 000 时，其中 20 万元仍按上述办法提成（下同），高于 20 万元的部分按照 5%提成；400 000< i≤600 000 时，高于 40 万元的部分按照 3%提成；600 000< i≤1 000 000 时，高于 60 万元的部分按照 1.5%提成；i>1 000 000 时，超过 100 万元的部分按照 1%提成，从键盘输入当月利润 i，求应发放奖金总数。

要求：①用 if 语句编写程序；②用 switch 语句编写程序。

提示　计算奖金时注意不同利润的不同提成比例。例如，利润在 10 万～20 万元时，奖金应由两部分组成：

① 利润为 10 万元时应得的奖金，即 10 万元*0.1。

② 10 万元以上部分应得的奖金，即（i–10 万元）*0.075。

同理，20 万～40 万元这个区间的奖金也应由两部分组成：

① 利润为 20 万元时应得的奖金，即 10 万元*0.1+10 万元*0.075。

② 20 万元以上部分应得的奖金，即（i–20 万元）*0.05。

程序中先把 10 万元、20 万元、40 万元、60 万元、100 万元各关键点的奖金计算出来，即 bon1，bon2，bon4，bon6，bon10，然后再加上各区间附加部分的奖金即可。

程序

（1）使用 if 语句编程实现。

```cpp
#include<iostream.h>
#include<iomanip.h>
void main()
{
  long  i;
  float   bonus,bon1,bon2,bon4,bon6,bon10;
  bon1=100000*0.1;
  bon2=bon1+100000*0.075;
  bon4=bon2+200000*0.05;
  bon6=bon4+200000*0.03;
  bon10=bon6+400000*0.015;
  cout<<"请输入利润 i:";
  cin>>i;
    if(i<=100000)
       bonus=i*0.1;
    else if(i<=200000)
            bonus=bon1+(i-100000)*0.075;
        else if(i<=400000)
              bonus=bon2+(i-200000)*0.05;
           else if(i<=600000)
                bonus=bon4+(i-400000)*0.03;
             else if(i<=1000000)
                  bonus=bon6+(i-600000)*0.015;
                else
                  bonus=bon10+(i-1000000)*0.01;
cout<<setiosflags(ios::fixed)<<setprecision(2);
cout<<"奖金是"<<bonus<<endl;
}
```

运行结果：

```
请输入利润 i:234 000
奖金是   19 200.00
```

（2）使用 switch 语句编程实现。

```cpp
#include<iostream.h>
#include<iomanip.h>
void main()
{
long   i;
float    bonus,bon1,bon2,bon4,bon6,bon10;
int   c;
bon1=100000*0.1;
bon2=bon1+100000*0.075;
bon4=bon2+200000*0.05;
bon6=bon4+200000*0.03;
bon10=bon6+400000*0.015;
cout<<"请输入利润 i:";
cin>>i;
```

```
c=i/100000;
if(c>10)
    c=10;
switch(c)
{
    case 0:bonus=100000*0.1;break;
    case 1:bonus=bon1+(i-100000)*0.075;break;
    case 2:
    case 3:bonus=bon2+(i-200000)*0.05;break;
    case 4:
    case 5:bonus=bon4+(i-400000)*0.03;break;
    case 6:
    case 7:
    case 8:
    case 9:bonus=bon6+(i-600000)*0.015;break;
    case 10:bonus=bon10+(i-1000000)*0.01;break;
}
cout<<setiosflags(ios::fixed)<<setprecision(2);
cout<<"奖金是"<<bonus<<endl;
}
```

运行结果：

请输入利润 *i*:234 000
奖金是　　19 200.00

第五章　循环结构的程序设计

1. 写出下列程序的运行结果。

（1）程序

```
#include<iostream.h>
void main()
{int num= 0;
 while(num<=2)
    {num++; cout<<num<<endl;}
}
```

运行结果：

1
2
3

（2）程序

```
#include<iostream.h>
void main()
{int i,j,x=0;
 for(i=0;i<2;i++)
    {x++;
```

```
    for(j=0;j<=3;j++)
      {if(j%2) continue;
       x++;}
    }
  cout<<"x="<<x<<"\n";
}
```

运行结果：

x=6

（3）程序

```
#include<iostream.h>
void main()
{int a,b;
 for(a=1, b=1; a<=100; a++)
   {
     if(b>=10) break;
     if(b%3==1) b+=3;
   }
cout<<a<<"\n";
}
```

运行结果：

4

（4）程序

```
#include<iostream.h>
void main()
{int i,sum=0;
 for(i=1;i<=3;i++,sum++) sum+=i;
 cout<<sum<<"\n";
}
```

运行结果：

9

（5）程序

```
#include <iostream.h>
void main(void)
{
 int n, right_digit, newnum = 0;
 cout << "Enter the number: ";
 cin >> n;
 cout << "The number in reverse order is  ";
 do
 {
    right_digit = n % 10;
    cout << right_digit;
```

```
    n /= 10;
 }
 while (n != 0);
 cout<<endl;
}
```

运行结果：

```
Enter the number: 123 ↵
The number in reverse order is  321
```

2. 要求以下程序的功能是计算：$s=1+1/2+1/3+\cdots+1/10$

```
#include<iostream.h>
void main()
{int n;
 float s;
 s=1.0;
 for(n=10;n>1;n--)
   s=s+1/n;
 cout<<s<<"\n ";
}
```

程序运行后输出结果错误，导致错误结果的程序行是 C 。

    A．s=1.0;　　　　　　　　　　B．for（n=10；n>1；n--）

    C．s=s+1/n;　　　　　　　　　D．cout<<s<<"\n";

3. 有以下程序：

```
#include<iostream.h>
void main()
{int s=0,a=1,n;
 cin>>n;
 do
  {s+=1; a=a-2;}
 while(a!=n);
 cout<<s<<"\n";
}
```

若要使程序的输出值为 2，则应该从键盘给 n 输入的值是 B 。

    A．–1　　　　　　B．–3　　　　　　C．–5　　　　　　D．0

4. 以下程序的功能是：按顺序读入 10 名学生 4 门课程的成绩，计算出每位学生的平均分并输出，程序如下：

```
#include<iostream.h>
void main()
{int n,k;
 float score,sum,ave;
 sum=0.0;
 for(n=1;n<=10;n++)
   {
   for(k=1;k<=4;k++)
     {cin>>score; sum+=score;}
```

```
ave=sum/4.0;
cout<<"NO: "<<n<<"平均分"<<ave<<"\n";
}
}
```

上述程序运行后结果不正确，调试中发现有一条语句出现在程序中的位置不正确。这条语句是 __A__ 。

  A．sum=0.0;   B．sum+=score;

  C．ave=sun/4.0;   D．cout<<"NO: "<<n<<"平均分"<<ave<<"\n";

5．设有以下程序：

```
#include<iostream.h>
void main()
{ int n1,n2;
cin>>n2;
while(n2!=0)
 { n1=n2%10;
   n2=n2/10;
   cout<<n1;
 }
 }
```

程序运行后，如果从键盘输入"1298"，则输出结果为 __8921__ 。

6．输入两个正整数 m 和 n，编写程序求其最大公约数和最小公倍数。

  方法一 两个数的最大公约数是指能同时被这两个整数整除的最大数，由于最大公约数不会大于这两个数，其最大值是这两个整数中较小的一个，可以用循环来实现，循环初值为1，终值是这两个整数中较小的一个数。求出最大公约数后，可以求出最小公倍数（最小公倍数=$m*n$/最大公约数）。流程图如图 5-1 所示，程序如下。

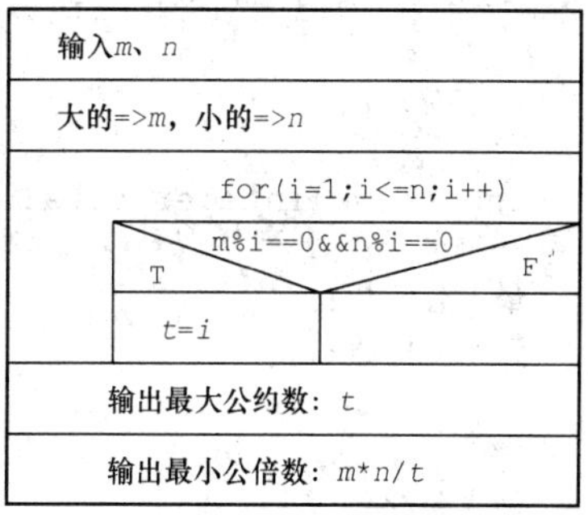

```
#include<iostream.h>
void main()
{
int m,n,t,i;
cout<<"input two integer data:\n";
cin>>m>>n;
if(m<n)
  {t=m;
  m=n;
  n=t;}
for(i=1;i<=m;i++)
 if(m%i==0&&n%i==0)      //如果条件满足,将 i 的值赋给 t,循环结束后,t 的值为所求的
   t=i;
 cout<<"最大公约数:"<<t<<"\n";
 cout<<"最小公倍数:"<<m*n/t;
}
```

图 5-1　方法一流程图

运行结果：

```
input two integer data:
    12  5 ↵
```

```
最大公约数:1
最小公倍数:60
input two integer data:
    12  6 ↵
最大公约数:6
最小公倍数:12
```

方法二　辗转相除的算法。

首先把两个数中大的那个数作为被除数，两数相除得一个余数。将除数作为被除数，余数作为除数再作除法，得到一个新的余数。不断重复这一过程直到余数为零，这时的除数就是两个数的最大公约数。程序流程图如图 5-2 所示，程序如下。

```cpp
#include<iostream.h>
void main()
{int m,n,r,t,mm,nn;
cout<<"input two integer data:\n";
cin>>m>>n;
mm=m;nn=n;
if(m<n)
  {t=m;
   m=n;
   n=t;}
r=m%n;
while(r!=0)
 {m=n;              //当余数不为零时,n 作为被除数
  n=r;              //r 作为除数
  r=m%n;            //求 m、n 的余数
 }
 cout<<"最大公约数:"<<r<<"\n";
 cout<<"最小公倍数:"<<mm*nn/r;
}
```

图 5-2　方法二流程图

运行结果:

```
input two integer data:
    12  5 ↵
最大公约数:1
最小公倍数:60
input two integer data:
12  6 ↵
最大公约数:6
最小公倍数:12
```

7. 打印出所有的"水仙花数"。所谓"水仙花数"是指一个 3 位数，其各位数字的立方和等于该数本身。例如，153 是一个"水仙花数"，因为 $153=1^3+5^3+3^3$。

方法一　首先求出这个 3 位数的百位、十位、个位上的数字，如果满足"水仙花数"所定义的条件，打印出该 3 位数即可。求各位数字的方法：例如数据 123，百位上的数字 1：用 123/100 得到；十位上的数字 2：用 123/10%10 得到；个位上的数字 3：用 123%10 得到。

程序

```cpp
#include<iostream.h>
```

```
void main()
{int n,i,j,k;
 for(n=100;n<=999;n++)
    {i=n/100;                         //百位数上的数字
     j=n/10%10;                       //十位数上的数字
     k=n%10;                          //个位数上的数字
     if(n==i*i*i+j*j*j+k*k*k)
       cout<<n<<"  ";}
 cout<<;
}
```

运行结果：

153　370　371　407

方法二　穷举法。首先确定 3 位数的百、十、个位上数字的取值范围，比如用 i、j、k 分别表示百、十、个的数字，则 i 的取值范围为 1～9、j 的取值范围为 0～9、k 的取值范围 也是 0～9，用三重循环。做循环当 i 取 1、j 取 0 时，k 从 0 变为 9，只要满足 $i*100+j*10+k=i^3+j^3+k^3$，i、j、k 为所求，…，整个循环结束了，就找到了所有的水仙花数。程序如下：

```
#include<iostream.h>
void main()
{int n,i,j,k;
 for(i=1;i<=9;i++)
   for(j=0;j<=9;j++)
   for(k=0;k<=9;k++)
   {n= i*100+j*10+k;
    if(n==i*i*i+j*j*j+k*k*k)
      cout<<n<<"  ";
     }
}
```

运行结果：

153　370　371　407

8．一个数恰好等于它的因子之和，这个数就被称为"完数"。例如，6 的因子为 1、2、3，而 6=1+2+3，因此 6 是"完数"。编写程序找出 1000 以内的所有"完数"。

算法分析：

题目要求找出 1000 以内所有的"完数"，可用循环验证 2～1000 的每一个数。如何求一个数的所有因子？比如这个数用 n 来表示，让 n 除 1、2、3、…、$n-1$，只要能除尽的数，就是 n 的因子，对因子求和，用下面的语句实现：

```
sum=0;
for(i=1;i<n;i++)
    if((n%i)==0) sum=sum+i;
```

然后判断因子的和 sum 与 n 是否相等，如果相等该数就是完数，输出即可。程序如下。

```
#include<iostream.h>
void main()
{int n,sum,i;
```

```
for(n=2;n<1000;n++)
  {sum=0;
  for(i=1;i<n;i++)
    if((n%i)==0) sum=sum+i;
  if(sum==n)
    {cout<<n<<" its factors are ";
    for (i=1;i<n;i++)                    //这个循环输出各个因子
    if(n%i==0) cout<<i<<",";
    cout<<"\n";}
  }
}
```

运行结果：

```
6 its factors are 1,2,3,
28 its factors are 1,2,4,7,14,
496 its factors are 1,2,4,8,16,31,62,124,248,
```

9. 有一个分数序列：

$$\frac{2}{1},\frac{3}{2},\frac{5}{3},\frac{8}{5},\frac{13}{8},\frac{21}{13},\cdots$$

求出这个数列的前 20 项之和。

算法分析：

这也是一个累加的问题，累加的每一项是一个分数序列，此分数序列的规律就是：后一项的分子是前一项分数的分子与分母之和，后一项的分母是前一项分数的分母。用 m 表示分子，初值为 2；n 表示分母，初值为 1；$a=m/n$，求：$\sum\limits_{i=1}^{20}a_i$。注意，每次求 a 时，m、n 的值是不同的，按照后一项的分子是前一项分数的分子与分母之和，后一项的分母是前一项分数分子的规律更新 m 和 n 的值。

程序

```
#include<iostream.h>
#include<iomanip.h>
void main()
{int i,t;
 float m=2,n=1,sum=0,a;
 for(i=1;i<=20;i++)
   {a= m/n;
   sum=sum+a;
    t=m;
    m=m+n;
    n=t; }
cout<<setiosflags(ios::fixed)<<setprecision(6);
cout<<"sum="<<sum<<endl;
}
```

运行结果：

```
sum=32.660 259
```

10. 一个球从 100m 高度自由落下，每一次落地后反弹回原高度的一半，再落下，求它在第 10 次落地时，共经过多少米？第 10 次反弹的高度是多少？

算法分析：

球第 10 次落地时，除第 1 次落地外，还有 9 次上升和 9 次落地，球经过的总距离就是 100m 再加上 9 次上升和下降经过的距离。而第 2 次，第 3 次，…，第 9 次上升的距离是前一次上升距离的一半。轨迹如图 5-3 所示。用 s 和 h 分别表示总距离和每次经过的距离，因为第一次和第二次经过的距离都是 100m，所以，s 和 h 的初值都是 100，从第 3 次后每次加前一次经过距离的一半，即 $h/2$。程序中使用 $h=h/2$ 更新 h 的值，为下一次要加的距离做准备。

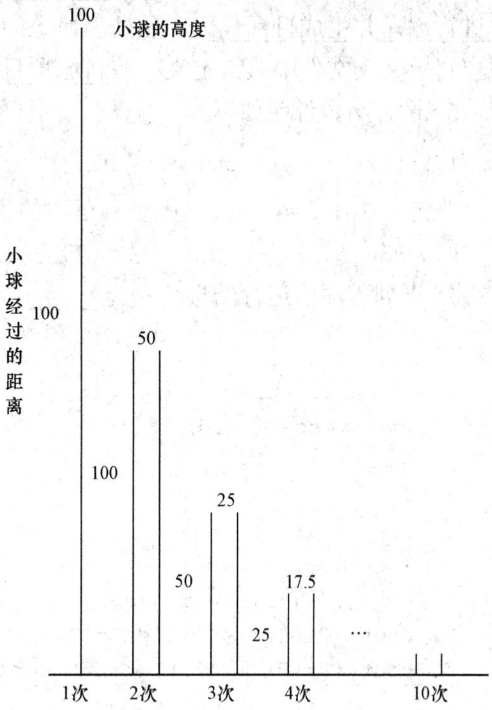

程序

```
#include<iostream.h>
#include<iomanip.h>
void main()
{float s=100,h=100;
  int n;
  for(n=2;n<=10;n++)
    {s=s+h;
     h=h/2; }
cout<<setiosflags(ios::fixed)<<setprecision(6);
cout<<"共经过的距离:"<<s<<"m\n";
cout("第10次反弹的高度:"<<h/2<<"m\n";
}
```

图 5-3 小球轨迹示意图

运行结果：

共经过的距离:299.609 375m
第 10 次反弹的高度：0.097 656m

第六章 函 数

一、填空题

1. 被定义为形参的是在函数中起形式作用的变量，形参只能用变量名表示。实参的作用是具体要处理的数据量，实参可以用变量名、常量、表达式表示。

2. 局部域包括块域、函数域。使用局部变量的意义在于节省存储空间，防止错误扩散，使程序易于维护。

3. 静态局部变量存储在全局数据区，在第一次被执行时建立，生命期为全局生命期，如果定义时未显式初始化，则其初值为 0。

4. 局部变量存储在<u>栈区</u>，在<u>函数被调用或执行到所定义的块中</u>时建立，生命期为<u>局部生命期</u>，如果定义时未显式初始化，则其初值为<u>随机数</u>。

5. 编译预处理的作用是对<u>源程序文件进行处理，生成一个中间文件，编译器对此中间文件进行编译并生成目标代码</u>，预处理命令的标志是<u>#</u>。在多文件系统中，程序由<u>项目</u>来管理。用户自定义头文件中通常定义一些<u>自己项目中用到的函数</u>。

6. 设有函数说明如下：

```
f(int x,int y){return x%y+1;}
```

假定 a=10，b=4，c=5，则下列语句的执行结果分别是（1）4；（2）5

（1）cout<<f(a,b)+f(a,c)；　（2）cout<<f(f(a+c,b),f(b,c))

7. 下列程序的运行结果分别为_____和_____。

（1）

```
#include <iostream>
using namespace std;
int a,b;
void f(int j){
    static int i=a;
    int m,n;
    m=i+j;j++;i++;n=i*j;a++;
    cout<<"i="<<i<<'\t'<<"j="<<j<<'\t';
    cout<<"m="<<m<<'\t'<<"n="<<n<<endl;
}
int main(){
    a=1;b=2;
    f(b);f(a);
    cout<<"a="<<a<<'\t'<<"b="<<b<<endl;
    return 0;
}
```

结果：（1）

```
i=2     j=3     m=3     n=6
i=3     j=3     m=4     n=9
a=3     b=2
```

（2）

```
#include <iostream>
using namespace std;
float sqr(float a){ return a*a;}
float p(float x,int n){
    cout<<"in-process:"<<"x="<<x<<'\t'<<"n="<<n<<endl;
    if(n==0)return 1;
    else if(i%2!=0)return x*sqr(p(x,n/2));
}
int main(){
    cout<<p(2.0,13)<<endl;
```

```
    return 0;
}
```

结果：（2）

```
in-process:x=2  n=13
in-process:x=2  n=6
-1.#IND
```

二、简答题

1. 函数的形参和实参是如何对应的？形参和实参的数目必须一致吗？什么情况下可以不一致？

答 函数的形参和实参是按照位置对应的，一般情况下形参和实参的数目应该一致，当函数定义为具有默认参数的函数时，形参与实参个数可以不同。

2. 函数和内联函数的执行机制有何不同？定义内联函数有何意义？有何要求？

答 执行函数时，系统要建立堆栈空间、保护现场、传递参数以及控制程序执行等。内联函数则是在编译过程中直接将内联函数嵌入到调用函数中。

将函数调用变为顺序执行。

内联函数的本质是空间换时间，所以内联函数只适用于功能简单、代码段小且被重复使用的函数。

3. 全局变量和局部静态变量的区别在哪里？为什么提倡尽量使用局部变量？

答 全局变量存储在全局数据区，在它定义后的所有函数中都可见，而局部变量只在定义它的函数内或块内可见。

使用局部变量可以节省内存空间，不使错误扩散，易于维护。

4. 函数重载的作用是什么？满足什么条件的函数才可以成为重载函数？重载函数在调用时是怎样进行对应的？

答 可以用相同的函数名来定义一组功能相同或相似的函数。

参数类型必须不同。

调用时，按如下过程对应：

（1）如果有严格匹配的函数，则调用该函数。

（2）参数内部转换后如果匹配，则调用该函数。

（3）通过用户定义的转换寻求匹配。

5. 多文件结构的程序是如何进行管理并运行的？采用多文件结构有什么好处？

答 多文件结构是通过工程进行管理的。

①可以避免重复性的编译，如果修改了个别函数，只需编译该函数所在的文件即可；②将程序进行合理的功能划分后，更容易设计、调试和维护；③通常把相关函数放在一个文件中，这样就形成了一系列按照功能分类的文件，便于其他文件引用。

6. 宏定义与常量定义从作用效果上看是一样的，两者是否完全相同？

不带参数宏定义与 const 说明符定义常量从效果上看是一样的，但它们的机制不同。首先，宏定义是在预处理阶段完成的，而 const 定义则在编译阶段实现。其次，宏定义只是一种简单的字符串替代，不会为字符串分配内存单元，替代过程也不进行语法检查，即使指令中的常量字符串不符合要求，预处理的替代过程也一样按指令给出的格式进行；而 const 定义则是像定义一个变量定义一个常量标识符，系统要按照类型要求为该标识符分配内存单元，同时在将常量放入单元时进行类型检查，如果类型不匹配，则类型相容的会进行系统的类型转换，不相容的就会提示错误。

三、编程与综合习题

1. 设计函数，将小写英文字母变为对应的大写字母。

解析 程序设计引入函数之后，拿到一个题目首先要考虑程序的结构，也就是说，要确定本程序由几个函数构成，主函数负责完成哪些任务，子函数负责完成什么样的任务。例如，本题程序由主函数及一个将小写英文字母转换为大写英文字母的子函数组成，主函数负责输入原始数据、调用子函数、输出结果，子函数负责将小写英文字母转换为大写英文字母。

下一步就要确定函数首部，首先给函数取个名字，我们定为 zh（汉语拼音首字母组合），原始数据就是一个字符型数据，所以参数是一个，字符型，计算结果也是一个字符型数据，所以函数类型为字符型。

函数名字：zh

函数参数：一个，字符型

函数类型：字符型

那就可以确定了函数首部：

```
char zh(char c1)
```

函数体的编写同主函数编写类似，只是子函数结束时需要使用 return 语句将计算结果返回到主函数。

主函数在调用时，zh（c1），因为本子函数有返回值。所以需要将函数结果用一个变量保存起来，所以定义 char c2，调用如下：

```
c2=zh(c1)
```

程序清单如下：

```
#include <iostream.h>
char zh(char c1)
{
    char c2;
    c2=c1-32;
    return c2;
}
void main()
{
    char c1,c2;
    cin>>c1;
    c2=zh(c1);
    cout<<c2<<endl;
}
```

2. 设计两个函数，分别求两个整数的最大公约数和最小公倍数。

解析 首先要考虑程序的结构。例如，本题要求两个数的最大公约数和最小公倍数，所以程序由主函数、一个求最大公约数的函数和一个求最小公倍数的函数组成。

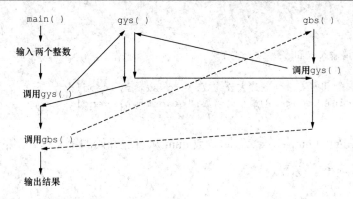

下一步就要确定函数的首部。

首先确定最大公约数函数名字为 gys，因为原始数据是两个整数，所以参数是两个、整型，计算结果是一个整型数据，所以函数类型为整型：

函数名字：gys

函数参数：两个，整型

函数类型：整型

那就可以确定了函数首部：

```
int gys (int m, int n)
```

根据定义求最大公约数的算法时最大公约数不可能超过其中任何一个数，从两个数中的小数开始，每次减速 1，逐个地验证它们是否为公约数，找到的第一个公约数就是最大公约数，只是子函数结束时需要使用 return 语句将计算结果返回到主函数。

最小公倍数函数名字定为 gbs，原始数据是 2 个整数，所以参数为两个整型。计算结果是整型，所以函数类型是整型。最小公倍数函数首部如下：

```
int gbs(int m,int n)
```

在编写最小公倍数函数时，因为存在数学公式：

最小公倍数=两个整数的乘积/最大公约数

所以，可以在函数体中调用求最大公约数的函数 gys。当然，求两个数的最大公约数和最小公倍数的算法很多，但在设计子函数时，函数首部基本类似，只是子函数体会随着算法的不同而发生变化。

程序清单如下：

```
#include <iostream.h>
int gys(int m,int n)
{   int i,t;
    if(m<n){t=m;m=n;n=t;}
    for(i=n;m%i!=0||n%i!=0;i--);
    return i;
}
int gbs(int m,int n)
{   int t;
    t=m*n/gys(m,n);
    return t;
}
```

```
void main()
{    int m,n;
    cout<<"请输入 m 和 n:"<<endl;
    cin>>m>>n;
    cout<<m<<"和"<<n<<"的最大公约数:"<<gys(m,n)<<endl;
    cout<<m<<"和"<<n<<"的最小公倍数:"<<gbs(m,n)<<endl;
}
```

3. 设计函数 digit（num， k）返回整数 num 从右边开始的第 k 位数字的值。例如：

```
digit(4647,3)=6
digit(23523,7)=0
```

解析　同理，首先要考虑程序的结构，也就是说，要确定主函数负责完成哪些任务，子函数负责完成什么样的任务。本题的程序由主函数及一个子函数组成，主函数负责输入原始数据、调用子函数、输出结果，子函数负责求出一个数右边开始的第 k 位数字的值。

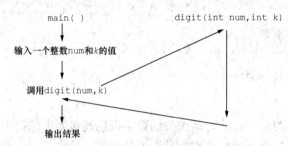

在确定函数 digit 首部时，原始数据是两个整型，结果是整型，所以首部如下：

```
int digit(int num,int k)
```

在编写子函数 digit 时，可以利用 pow 函数直接算出从右边第 k 位的值，但要注意 pow 函数值的类型为实型，而求余运算符（%）要求除数与被除数都为整型，所以需要将 pow 求出的结果强制转换为整型：

```
(int)pow(10,k-1)
```

程序清单如下：

```
#include <iostream>
#include <cmath>
using namespace std;
int digit(int,int);
void main()
{
    int num,k,n;
    cout<<"输入 num,k:"<<endl;
    cin>>num>>k;
    n=digit(num,k);
    cout<<n<<endl;
}
int digit(int num,int k)
{
    int n;
    n=num/(int)pow(10,k-1)%10;
```

```
        return n;
    }
```

当然，子函数的算法还可以不用 pow 函数实现，将任意的一个数分解出它的各位数字，取出右边的第 *k* 位即可。

4. 设计函数 factors（num，k），返回整数 num 中包含因子 *k* 的个数，如果没有该因子，则返回 0。

解析　通过以上的例子现在就可以总结出带有子函数的程序设计步骤如下：

（1）先考虑程序结构，也就是说，要确定本程序由几个函数构成，主函数负责完成哪些任务，各个子函数负责完成什么样的任务。

（2）子函数的设计关键是其首部。因为一个函数就是要将已知的原始数据，经过子函数的处理得到结果，所以子函数应该有渠道得到已知数据，有渠道将计算结果返回到主调函数。而子函数首部就是负责完成此功能的方法之一。而目前我们仅仅学习了值传递的参数传递方法，值传递是单向传递，只可以实参影响形参，形参影响不了实参，所以，目前只能将一个值带回到主调函数中，并且是通过 return 将函数值返回到主调函数，我们是将已知数据放在参数表中，而计算结果通过函数值返回。因此，我们设计子函数时，有几个已知数据就需要几个参数，并且确定它们的类型，函数值则需要确定类型。以后的章节我们学习完地址传递之后，可以利用数组将函数多个值带回到主调函数，学习指针之后，可以通过传变量地址改变实参的值，学习全局变量之后，可以用全局变量传递参数的值。

（3）编写子函数，如果返回值的类型不是 void，那么必须在结束函数执行时，通过 return 返回函数的值（计算结果）。

（4）编写主调函数。主要注意两个问题：①当子函数位于主调函数之后，要对被调函数进行声明；②当函数的返回值不是 void 时，要注意用恰当的方式把结果保存下来。

本题程序由主函数及一个子函数组成，主函数负责输入原始数据、调用子函数、输出结果，子函数负责求出一个数包含因子 *k* 的个数。

本题已知数据是一个数据 num 和一个整数 *k*，可见函数参数有两个，且都为整型。函数结果是包含因子 *k* 的个数，也为整型，本题目函数首部为

```
int sub(int num,int k)
```

在编写子函数时，算法如下：

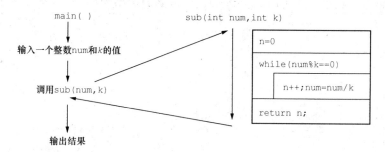

```
#include <iostream>
using namespace std;
int sub(int,int);
void main()
```

```
{
    int num,k,n;
    cout<<"输入数据 num,k:"<<endl;
    cin>>num>>k;
    n=sub(num,k);
    cout<<num<<"包含"<<n<<"个"<<k<<"因子"<<endl;
}
int sub(int num,int k)
{
    int n=0;
    while(num%k==0)
    {
        n++;num=num/k;
    }
    return n;
}
```

5. 歌德巴赫猜想指出：任何一个大偶数都可以表示为两个素数之和。例如：

4=2+2   6=3+3   8=3+5   …   50=3+47

将 4～50 之间的所有偶数用两个素数之和表示。用函数判断一个整数是否为素数。

解析   同理，首先要考虑程序的结构，本程序由主函数和判断一个数是否为素数的子函数构成。

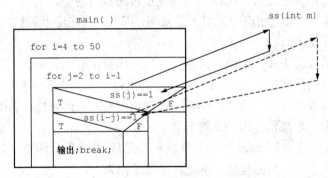

因为需要分别判断两个数是否为素数，方法相同，所以编写一个函数用于判断一个数是否为素数，在需要时多次调用即可，可以提高编程效率。这个函数的原始数据只有一个，所以参数为一个整型，结果为 T（1）或 F（0），所以函数类型为整型，函数首部确定如下：

```
int ss(int m)
```

程序清单如下：

```
#include <iostream>
using namespace std;
int ss(int m)
{
    int yes=1,j;
    for(j=2;j<=m/2;j++)
        if(m%j==0){yes=0;break;}
    return yes;
}
```

```
void main()
{int i,j,m;
for(i=4;i<=50;i=i+2)
   for(j=2;j<=i/2;j++)
      if(ss(j))
      {
         m=i-j;
         if(ss(m))
         {cout<<i<<"="<<j<<"+"<<m<<endl;
          break;
         }
      }
   }
```

6. 设计函数打印直方图,直方图的宽度为 3 行,每列代表数据 1%。如下面的图形代表 10%。

```
|
| * * * * * * * * * *
| * * * * * * * * * *
| * * * * * * * * * *
|
```

解析　首先要考虑程序的结构,本程序由主函数和可打印 x 列直方图子函数构成。

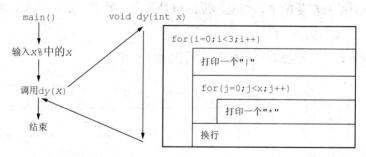

根据题目要求,直方图每列代表 1%,x%就打印 x 列,已知数据只有 x%的“x”,参数为一个整型数。本函数的功能就是打印直方图,不用计算,所以没有返回值,可以确定函数类型为 void,函数首部为

void dy(int x)

编写子函数函数体时,可以按照一般打印图形的方式进行。其中,外循环的循环次数是行数,本题目要求打印 3 行,所以循环次数是 3;外循环的循环体就是解决每行如何打印,本题目每行分 3 部分进行,首先打印一个“|”,其次打印 x 个“*”,那就需要循环解决,循环次数就是“*”的个数,第三步就是换行。

程序清单如下:

```
#include <iostream.h>
void dy(int x);
void main()
{   int x;
```

```
    cout<<"请输入 x%中的 x:";
    cin>>x;
    dy(x);
}
void dy(int x)
{   int i,j;
    for(i=0;i<3;i++)
    {    cout<<'|';
        for(j=0;j<x;j++)
            cout<<'*';
        cout<<endl;
    }
}
```

7. 定义递归函数实现下面的 Acm 函数。

$$\mathrm{Acm}(m,\ n) = \begin{cases} n+1 & m=0 \\ \mathrm{Acm}(m-1,\ 1) & n=0 \\ \mathrm{Acm}(m-1,\ \mathrm{Acm}(m,\ n-1)) & n>0,\ m>0 \end{cases}$$

其中，设 m、n 为正整数。设计程序求 Acm（2，1）、Acm（3，2）。

解析 首先要考虑程序的结构，本程序由主函数和子函数构成。

Acm 子函数原始数据是两个、整型，返回值是一个、整型，所以函数首部为

```
int Acm(int m,int n)
```

Acm 是递归函数，必须要有结束条件，结构如流程图。

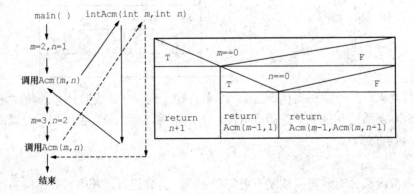

程序清单如下：

```
#include <iostream.h>
int Acm(int m,int n)
{   if(m==0) return n+1;
    else if(n==0)return Acm(m-1,1);
    else
        return Acm(m-1,Acm(m,n-1));
}
void main()
{   int m,n,k;
```

```
    m=2,n=1;
    cout<<"Acm("<<m<<','<<n<<")="<<Acm(m,n)<<endl;
    m=3,n=2;
    cout<<"Acm("<<m<<','<<n<<")="<<Acm(m,n)<<endl;
}
```

8. 定义一个内联函数，判断一个字符是否为数字字符。

解析 首先要考虑程序的结构，本程序由主函数和子函数构成。

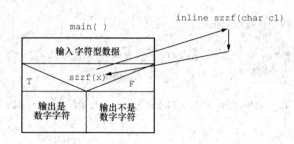

在编写内联函数时，除了在函数首部前加 inline 外，其他与普通子函数的编写完全一样，但在执行时是有区别的。因为要判断一个字符是否为数字字符，所以已知数据就一个，那就可确定参数为一个、字符型，结果为是字符（1）或不是字符（0），可确定函数类型为整型。本内联函数的首部如下：

```
inline int szzf(char c1)
```

程序清单如下：

```
#include <iostream.h>
inline int szzf(char c1)
{
    if(c1>='0' && c1<='9')
        return 1;
    else
        return 0;
}
void main()
{   char c1;
    cout<<"请输入字符:"<<endl;
    cin>>c1;
    if(szzf(c1))
        cout<<c1<<"是数字字符"<<endl;
    else
        cout<<c1<<"不是数字字符"<<endl;
}
```

9. 设计两个重载函数，分别求两个整数相除的余数和两个实数相除的余数。两个实数求余定义为实数四舍五入取整后相除的余数。

解析 所谓重载函数就是可以用相同的函数名来定义一组功能相同或相似的函数。C++中本身带求余符号"%"，但它只可以对两个整型数据求余，若想对两个实型数据求余就需要编写两个相同名字的函数 ys，但是，其中一个的参数为两个整型数据，另一个的参数为两个实型数据，处理整型数据的函数的函数值类型为整型，处理实型数据的函数的函数值类型为实型。

程序清单如下：

```cpp
#include <iostream.h>
void main()
{    int ys(int,int);
    float ys(float,float);
    int m,n;
    float a,b;
    cout<<"请输入两个整数"<<endl;
    cin>>m>>n;
    cout<<"两个整数"<<m<<"和"<<n<<"的余数为"<<ys(m,n)<<endl;
    cout<<"请输入两个实数"<<endl;
    cin>>a>>b;
    cout<<"两个实数"<<a<<"和"<<b<<"的余数为"<<ys(a,b)<<endl;
}
int ys(int m,int n)
{    return m%n;
}
float ys(float a,float b)
{return (int)(a+0.5)%(int)(b+0.5);
}
```

10. 建立一个头文件 area.h，在其中定义两个面积函数 area( )，分别用来计算半径为 r 的圆的面积和边长为 a 和 b 的矩形面积。另外建立文件 area.cpp，在其中定义主函数，通过包含 area.h，输入数据并输出圆和矩形的面积。

解析　本题目的头文件 area.h 中，也使用了重载函数 area，分别求矩形与圆的面积，而 area.cpp 文件中只要简单地加一条语句：

```cpp
#include <c:\documents and settings\zhangfq\桌面\作业\area.h> //为 area.h 文件
```
的绝对路径

即可将 area.h 中所有内容嵌入到 area.cpp 中，通过这个例子可以领略到 include 语句拿来主义的高效。

area.h 内容如下：

```cpp
float area(float r)
{float s;
s=3.141592*r*r;
return s;
}
float area(float a,float b)
{return a*b;}
```

area.cpp 内容如下：

```cpp
#include <iostream.h>
#include <c:\documents and settings\zhangfq\桌面\作业\area.h> //为 area.h 文件
```
所在的绝对路径
```cpp
void main()
{float r;
float a,b;
```

```
cout<<"请输入圆的半径 r:";
cin>>r;
cout<<endl<<"圆的面积是::"<<area(r)<<endl;
cout<<"请输入长方形的边长 a 和 b:";
cin>>a>>b;
cout<<endl<<"长方形的面积是:"<<area(a,b)<<endl;
}
```

11. 下面函数的执行结果是什么？

（1）

```
#include<iostream>
using namespace std;
 int x1=30,x2=40;
 sub(int x,int y)
 {
   x1=x;
   x=y;
   y=x1;
}
void main()
 {
   int x3=10,x4=20;
   sub(x3,x4);
   //sub(x2,x1);
   cout<<x3<<x4<<x1<<x2<<endl;
}
```

运行结果：

```
10201040
```

解析 本题有三个考察点：

1）全局变量：$x1$、$x2$ 是全局变量，在 sub 子函数中，$x1$ 作为中间变量，保存了形参传过来的 x 的值，根据全局变量的特点，作用范围为定义开始到程序结束，所以主函数输出 $x1$ 的值时，运行结果为 10。

2）值传递的特点：$x3$、$x4$ 是局部变量，作为实参将值传给子函数 sub，虽然形参 x、y 的值发生交换，但是退出 sub 之后，x、y 全部被释放，而实参 $x3$、$x4$ 没有变化，所以打印结果仍为原来的值 10 和 20。

3）"//" 打头，后面的内容为注释，所以 sub 函数仅被调用了一次。

（2）

```
#include <iostream>
using namespace std;
int k=0;
void fun(int m)
{
  m+=k;
  k+=m;
  cout<<m<<k<<endl;
```

```
}
void main()
{
  int i=4;
  fun(i);
  cout<<i<<k<<endl;
}
```

答案为

```
44
44
```

解析　本题有两个考察点：全局变量和值传递，解析同（1）题。

（3）

```
#include<iostream>
using namespace std;
f( int a)
{
    int b=0;
    static int c = 3;
    b++; c++;
    return(a+b+c);
}
void main()
{
    int a =3, i,s=0;
    for(i=0;i<4;i++)
        s=s+f(a);
    cout<<s<<endl;
}
```

答案为

```
38
```

解析　本题有一个考察点：静态局部变量。

静态局部变量保持上次运行时的状态。本题目调用 4 次函数 f，实参都是 a，如果函数 f 中的变量都是普通局部变量，则 4 次调用结果应该一致，但本题 f 中的变量 c 是静态局部变量，每调用一次它都加 1，4 次调用的结果分别是 8、9、10、11，加起来就是 38。

（4）

```
#include<iostream>
using namespace std;
    int a,b;
    void fun()
    {
a=100;b=200;
}
    void main()
    {
```

```
    int a=5,b=7;
    fun();
    cout<<a<<b<<endl;
}
```

答案：

57

解析　本题有一个考察点：当局部变量与全局变量同名时，如何处理？C++的方法是，在局部变量的作用域内，全局变量不起作用，局部变量起作用。

本题目中，各函数都定义了局部变量 a，所以每个函数中的 a，都在其作用域内起作用，全局变量 a 实际没用。对于全局变量 b 来说，因为主函数没有定义局部变量 b，所以全局变量 b 在主函数中起作用，但在子函数 fun 中，因为其定义了局部变量 b，所以全局变量 b 在 fun 中没用，起作用的是局部变量 b。

（5）

```
#include<iostream>
using namespace std;
void fun()
{
static int a=0;
a+=2; cout<<a;
}
void main()
{
int cc;
for(cc=1;cc<4;cc++) fun();
cout<<endl;
}
```

答案：

246

解析　本题有一个考察点：静态局部变量。同（3）题。

（6）
```
#include<iostream>
using namespace std;
int func(int a,int b)
{
    return(a+b);
}
void main()
{
    int x=2,y=5,z=8,r;
    r=func(func(x,y),z);
    cout<<r<<endl;
}
```

答案：

15

解析 本题是函数的嵌套调用，第一次调用 func 函数的值作为第二次调用的第一个参数。

（7）

```cpp
#include<iostream>
using namespace std;
int abc(int u,int v);
void main()
{
    int a=24,b=16,c;
    c=abc(a,b);
    cout<<c<<endl;
}
int abc(int u,int v)
{
    int w;
    while(v)
       {w=u%v;u=v;v=w;}
    return u;
}
```

答案：

8

解析 本题是求两个数的最大公约数，采用辗转相除法，算法：先求两个数的余数（$w=u\%v$），如果余数不等于 0，则被除数等于现在的除数，除数等于现在的余数（$u=v$；$v=w$），依次类推，直到余数等于 0 时，当时的除数为两个数的最大公约数。

（8）

```cpp
#include<iostream>
using namespace std;
#define PT 5.5
#define S(x) PT*x*x
void main()
{
    int a=1,b=2;
    cout<<S(a+b);
}
```

答案：

9.5

解析 本题的考察点为宏替换。宏替换非常机械，直接用参数表里的参数替换宏定义表达式中的参数，所以当参数表里的参数是一个表达式时，很可能替换的结果与预想的有差距：例如本题，用 $a+b$ 来替换宏定义中的 x，结果是

$Pt*a+b*a+b$

题意本是三项相乘，变为三项相加，如果不想改变运算次序，宏定义时，给相应的参数加括号，本题可以这样定义：

```
#define S(x) PT*(x)*(x)
```

（9）

```
#include<iostream>
using namespace std;
#define MIN(x,y) (x)<(y)?(x):(y)
void main()
{
    int i,j,k;
    i=10;j=15;k=10*MIN(i,j);
    cout<<k<<endl;
}
```

答案：

15

解析 同（8）

（10）

```
#include<iostream>
using namespace std;
#define N 2
#define M N+1
#define K M-3*M/3
void main()
{
cout<<K<<endl;
}
```

答案：

−3

解析 同（8）

12. 下面递归函数的执行结果是什么？

（1）

```
void p1(int w){
    int i;
    if(w>0){
        for(i=0;i<w;i++)cout<<'t'<<w;
        cout<<endl;
        p1(w-1);
    }
}
```

调用 p1（4）。

结果：

```
t4t4t4t4
t3t3t3
```

```
t2t2
t1
```

（2）

```
void p2(int w){
    int i;
    if(w>0){
    p2(w-1);
    for(i=0;i<w;i++)cout<<'t'<<w;
    cout<<endl;
    p2(w-1);
    }
}
```

调用 p2(4)。

结果：

```
t1
t2t2
t1
t3t3t3
t1
t2t2
t1
t4t4t4t4
t1
t2t2
t1
t3t3t3
t1
t2t2
t1
```

（3）

```
void p3(int w){
    int i;
    if(w>0){
        for(i=0;i<w;i++)cout<<'t'<<w;
        cout<<endl;
        p3(w-1);
        p3(w-2);
    }
}
```

调用 p3(4)。

结果：

```
t4t4t4t4
t3t3t3
t2t2
```

```
t1
t1
t2t2
t1
```

（4）

```
void p4(int w){
    int i;
    if(w>0){
        for(i=0;i<w;i++)cout<<'t'<<w;
        cout<<endl;
        p4(w-1);
        for(i=0;i<w;i++)cout<<'t'<<w;
    }
}
```

调用 p4(4)。

结果：

```
t4t4t4t4
t3t3t3
t2t2
t1
```

第七章　数　　组

一、找出下面程序或程序段中的错误，并改正

1.

```
#include <iostream.h>
void main()
{ int m,a[m];
  a[0]=1;
  cout<<a[0];
}
```

参考答案：

正确的程序 1：

```
#include <iostream.h>
void main()
{ const int m=10;          //定义 m 为常变量
  int a[m];                //用常变量 m 定义数组中元素的个数
  a[0]=1;
  cout<<a[0];
}
```

正确的程序 2：

```
#include <iostream.h>
```

```
void main()
{int a[10];                      //用常量10定义数组中元素的个数
  a[0]=1;
  cout<<a[0];
}
```

正确的程序 3:

```
#include <iostream.h>
#define  M  10
void main()
{int a[M];                       //用符号常量M定义数组中元素的个数
  a[0]=1;
  cout<<a[0];
}
```

解析　数组定义出错。

C++语法规定，定义数组时，说明数组中数组元素个数的常量表达式可以是常量、常变量或符号常量，不能是变量。在程序中，用变量 m 来定义一维数组中数组元素的个数，所以出错。

2.

```
#include <iostream.h>
void main()
{ int a[5];
  cin>>a;
  cout<<a[5];
}
```

参考答案:

正确的程序:

```
#include <iostream.h>
void main()
{ int a[5],i;
 for(i=0;i<5;i++)
    cin>>a[i];
  cout<<a[4];
}
```

解析　该程序有两个错误。

错误一　数组输入 cin>>a；出错。

程序中定义数组 a 的类型为整型，给这样的数组输入数据时，要指定数据放在哪个数组元素中。例如，要给 $a[1]$ 输入数据，正确的表达应该为

```
cin>>a[1];
```

如果要为数组 a 中每一个数组元素输入数据，正确的表达为

```
for(i=0;i<5;i++)
    cin>>a[i];
```

错误二　cout<<a[5]；出错。

根据数组说明，*a*数组包含 5 个元素，这 5 个元素按下标顺序排列分别为 *a*[0]~*a*[4]，程序中用到了数组元素 *a*[5]，超出了定义数组时确定的下标范围，所得的结果不能预知，因此，在使用数组元素时，要避免出现这种情况。如果要输出数组中最后一个元素的值，正确的表达应该为 cout<<a[4]；。

3.

```cpp
#include <iostream.h>
void main()
{ char c[10]="I am a student";
  cout<<c;
}
```

参考答案：

正确的程序为

```cpp
#include <iostream.h>
void main()
{ char c[ ]="I am a student";
  cout<<c;
}
```

解析　初始化字符数组出错。

程序中在定义数组 *c* 的同时对其初始化，*c* 的长度定义为 10，而字符串"I am a student"在内存中占 15 字节，超过了数组 *c* 定义的长度，编译系统按出错处理。

二、读程序，写运行结果

1.

```cpp
#include <iostream.h>
void main()
{int   i,k,a[10],p[3];
 k=5;
 for (i=0;i<10;i++)  a[i]=i;
 for (i=0;i<3;i++)  p[i]=a[i*(i+1)];
 for (i=0;i<3;i++)  k+=p[i]*2;
 cout<<k;
}
```

运行结果：

21

解析　本题程序的结构比较简单，首先用一个循环给数组 *a* 的所有元素赋值，*a*[0]~*a*[9]分别为 0~9。然后用循环为数组 *p* 的所有元素赋值：*a*[0]赋给 *p*[0]，*a*[2]赋给 *p*[1]，*a*[6]赋给 *p*[2]，因此，*p*[0]~*p*[2]中的值分别为 0、2、6。最后一个循环求和，计算 5 加数组 *p* 所有元素 2 倍的和，最终结果为 21。

2. 写出程序的运行结果，并说明该程序的功能。

```cpp
#include <iostream.h>
```

```
void main()
{int y=25,i=0,j,a[8];
 do
 { a[i]=y%2;i++;
   y=y/2;
 }
 while(y>=1);
 for(j=i-1;j>=0;j--)
   cout<<a[j];
 cout<<endl;
}
```

运行结果：

11001

程序的功能：将十进制数转换为对应的二进制数。

解析 do 循环中，用除二取余法将变量 y 中的十进制整数转换成相应的二进制数。每做一次循环就完成了一次除二取余：y 和 2 相除，余数放在数组元素 $a[i]$ 中，商放在 y 中，这个过程直到商（y）为 0 为止。退出循环后变量 i 中存放的是余数的个数，余数按获得的先后顺序依次存放在 $a[0] \sim a[i1]$ 中。最后用 for 循环输出时，按除二取余法的规则，将余数按最先得到的为二进制最低位，最后得到的为二进制最高位的顺序排列，即按 $a[i-1] \sim a[0]$ 的顺序排列，就得到相应的二进制数。

做完一次 do 循环，变量 y、i 以及数组 a 各元素值的变化情况如图 7-1 所示。

循环次数	数组a各元素的值	变量i	变量y
1	$a[0]=1$	1	12
2	$a[1]=0$	2	6
3	$a[2]=0$	3	3
4	$a[3]=1$	4	1
5	$a[4]=1$	5	0

图 7-1　do 循环执行过程中，各主要变量中值的变化情况

3.

```
#include <stdio.h>
void main()
{int t[3][4]={{1,2,3,4},{5,6,7,8},{9}},i,j;
 for(i=0;i<3;i++)
   for(j=0;j<4;j++)
     printf("%4d",t[i][j]);
 printf("\n");
 for(i=0;i<3;i++)
 { printf("\n");
   for(j=0;j<4;j++)
     printf("%4d",t[i][j]);
 }
 for(i=0;i<4;i++)
```

```
{ printf("\n");
  for(j=0;j<3;j++)
    printf("%4d",t[j][i]);
}
}
```

运行结果：

```
1   2   3   4   5   6   7   8   9   0   0   0


1   2   3   4
5   6   7   8
9   0   0   0
1   5   9
2   6   0
3   7   0
4   8   0
```

解析　程序中首先定义一个 3 行 4 列的二维数组，并对二维数组初始化，由于最后一组数据不足 4 个，不足部分补 0，因此，t 数组中各数组元素的值分别为（按行的顺序排列）

$$\begin{bmatrix} 1 & 2 & 3 & 4 \\ 5 & 6 & 7 & 8 \\ 9 & 0 & 0 & 0 \end{bmatrix}$$

该程序的结构简单分析如下：首先是一个双重循环，外层循环控制变量为 i，其循环体是一个控制变量为 j 的 for 循环，即内层循环。该内层循环的循环体是一个输出数组元素 $t[i][j]$ 的 printf 语句。该双重循环之后是一个 printf（"\n"）；语句。接着又是一个双重循环，外层循环的控制变量仍然为 i，其循环体为一个 printf（"\n"）；语句，以及一个控制变量为 j 的内层循环。最后还是一个双重循环，外层循环的控制变量为 i，其循环体为一个 printf（"\n"）；语句，以及一个控制变量为 j 的内层循环。

分析第一个双重循环，内层循环的循环体为 printf（"%4d"，$t[i][j]$）；语句，该语句输出数组元素 $t[i][j]$ 的值，而变量 i 是外层循环的控制变量，j 是内层循环的控制变量，所以，这个双重循环将按行的顺序输出二维数组全部元素的值，即先输出行标为 0 的 4 个元素 $t[0][0]\sim t[0][3]$，然后输出行标为 1 的 4 个元素 $t[1][0]\sim t[1][3]$，最后输出行标为 2 的 4 个元素 $t[2][0]\sim t[2][3]$。由于在输出过程中没有换行，所以所有的数组元素的值在一行内输出。执行完这个双重循环后，执行 printf（"\n"）；语句，再换行。

同理，第二个双重循环也是按行的顺序输出二维数组的值，但和第一个双重循环不同的是，由于这个双重循环的外层循环的循环体中有语句 printf（"\n"）；，所以在输出每行的 4 个数据之前都要先换行。

最后一个双重循环中，内层循环的循环体为 printf（"%4d"，$t[j][i]$）；语句，该语句输出数组元素 $t[j][i]$ 的值，而变量 i 是外层循环的控制变量，j 是内层循环的控制变量，所以，这个双重循环将按列的顺序输出二维数组全部元素的值，即先输出列标为 0 的 3 个元素 $t[0][0]\sim t[2][0]$，然后依次输出列标为 1 的 3 个元素 $t[0][1]\sim t[2][1]$，列标为 2 的 3 个元素 $t[0][2]\sim t[2][2]$，列标为 3 的 3 个元素 $t[0][3]\sim t[2][3]$。在输出每列 3 个元素之前都要先换行。

4.

```
#include <iostream.h>
void main()
{char t[3][20]={"Watermelon","Strawberry","grape"};
 int i;
 for(i=0;i<3;i++)
   cout<<t[i]<<endl;
 }
```

运行结果：

```
Watermelon
Strawberry
grape
```

解析 程序中利用初始化的方式为二维字符数组 *t* 赋初值，将 3 个字符串"Watermelon"，"Strawberry"，"grape"依次放在了 *t* 数组的 0～2 行中。循环中，用 cout 依次输出这 3 个字符串。注意，在 cout<<*t*[*i*]<<endl；中，*t*[*i*]表示的是二维数组 *t* 第 *t*[*i*]行的首地址。

5.

```
#include <stdio.h>
void sort(int a[ ],int n)
{int i,j,t;
for (i=0;i<n-1;i++)
for (j=i+1;j<n;j++)
if(a[i]<a[j])
{ t=a[i];a[i]=a[j];a[j]=t;}
}
void main()
{ int aa[10]={1,2,3,4,5,6,7,8,9,10},i;
sort(&aa[4],4);
for(i=0;i<10;i++)
  printf("%2d",aa[i]);
}
```

运行结果：

```
 1 2 3 4 8 7 6 5 9 10
```

解析 子函数 sort 的功能是将数组中的 *n* 个数按从大到小的顺序排序。在主函数中调用 sort 时，将 *aa*[4]的地址传递给形参数组 *a*，作为形参数组 *a* 的首地址，即形参数组元素 *a*[0]和实参数组元素 *aa*[4]共用存储单元，因此，形参数组元素 *a*[1]和实参数组元素 *aa*[5]共用存储单元……第二个实参是常数 4，因此，形参 *n* 为 4。即执行子函数 sort 时，对 *a* 数组中从 *a*[0]～*a*[3]这 4 个元素的值按从大到小的顺序排序。

6.

```
#include <stdio.h>
void sort(int a[ ],int n)
{int i,j,t,w;
for (i=0;i<n-1;i+=2)
{ w=i;
```

```
    for (j=i+1;j<n;j++)
      if(a[w]<a[j]) w=j;
    if(w!=i)
    { t=a[i];a[i]=a[w];a[w]=t;}}
}
void main()
{ int aa[10]={1,2,3,4,5,6,7,8,9,10},i;
sort(aa,10);
for(i=0;i<10;i++)
   printf("%2d",aa[i]);
}
```

运行结果：

10 2 9 4 8 6 7 5 3 1

解析 本题要注意 sort 函数中循环控制变量 i 的取值，分别为 0，2，4，…，8（当 n 为 10 时）。

初始化时，数组元素 $a[0]\sim a[9]$ 的值分别为 1～10。当 $i=0$ 时，将 $a[0]\sim a[9]$ 中最大的数及其位置找出来，然后将这个最大的数和 $a[0]$ 中的数互换，结果是 $a[0]\sim a[9]$ 中的数分别为 10，2，3，4，5，6，7，8，9，1；当 $i=2$ 时，将 $a[2]\sim a[9]$ 中的最大数及其位置找出来，然后将这个最大的数和 $a[2]$ 中的数互换，结果是 $a[0]\sim a[9]$ 中的数分别为 10，2，9，4，5，6，7，8，3，1；依次类推，可得最终结果。

三、编写程序

1．编写一个程序，从任意 n 个数中找出最大的数和最小的数，并将它们相互交换。

算法解析：先确定数列中数据的个数 n，然后将这 n 个数依次输入并存放到数组元素 $a[0]\sim a[n-1]$ 中。

采用将数列中的数据逐个比较的方法找出最大数和最小数。下面以找最大数为例，说明该算法。

采用两两比较的方法在 $a[0]\sim a[n-1]$ 中找到最大数 $a[wd]$。首先令 $wd=0$，比较 $a[wd]$ 和 $a[1]$，将二者中大的那个数的下标放在 wd 中；接着 $a[wd]$（此时的 $a[wd]$ 为 $a[0]$ 和 $a[1]$ 中大的那个数）和 $a[2]$ 比较，仍然将二者中大的那个数的下标放在 wd 中；这个过程一直进行下去，直到 $a[wd]$（此时的 $a[wd]$ 为 $a[0]\sim a[n-2]$ 中最大的数）与 $a[n-1]$ 比较完毕，$a[0]\sim a[n-1]$ 中最大的数就找到了，在 $a[wd]$ 中。同理，可找出最小的数 $a[wx]$。算法如图 7-2 所示。

程序如下：

```
#include "iostream.h"
void main()
{int n,a[50],i,wd,wx,p;
 cout<<"请输入数据个数 n:";
 cin>>n;
 cout<<"请输入数据:"<<endl;
 for(i=0;i<n;i++)
     cin>>a[i];
 wd=0;wx=0;
 for(i=1;i<n;i++)
```

```
        if(a[i]>a[wd])
            wd=i;
        else if(a[i]<a[wx])
            wx=i;
  p=a[wd];a[wd]=a[wx];a[wx]=p;
  cout<<"结果:"<<endl;
  for(i=0;i<n;i++)
    cout<<a[i]<<"  ";
  }
```

程序的运行结果:

请输入数据个数 n:5↵

请输入数据:

1 5 3 2 0↵

结果:

1 0 3 2 5

2．编写一个程序，将任意 n 个数按从大到小的顺序排序。

算法解析：用选择法排序。将 n 个数存放在数组元素 $a[0]\sim a[n-1]$ 中。从 $a[0]\sim a[n-1]$ 中找到最大的数将其放在 $a[0]$ 中。然后开始新一轮操作：从 $a[1]\sim a[n-1]$ 找到最大的数将其放在 $a[1]$ 中。这样的操作共进行 $n-1$ 次。该算法的 N-S 图如图 7-3 所示。

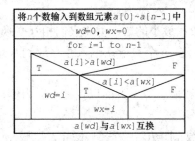

图 7-2　找最大数和最小数的算法

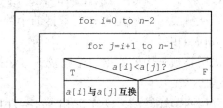

图 7-3　选择法排序算法 N-S 图

程序如下：

```cpp
#include <iostream.h>
#define M 100
void main()
{ int a[M],i,j,t,n;
  cout<<"请输入数据个数(小于等于100):";
  cin>>n;
  cout<<"请任意输入"<<n<<"个数据:"<<endl;
  for(i=0;i<n;i++)
    cin>>a[i];
  for(i=0;i<=n-2;i++)
    for(j=i+1;j<=n-1;j++)
      if(a[i]<a[j])
      { t=a[i];a[i]=a[j];a[j]=t;}
  cout<<"排序结果:"<<endl;
```

```
       for(i=0;i<n;i++)
         cout<<a[i]<<"  ";    }
```

运行结果：

请输入数据个数(小于等于100):10↵
请输入任意10个数据：
1 3 -7 9 0 4 33 8 2 -9↵

排序结果：

33 9 8 4 3 2 1 0 -7 -9

3．利用折半查找法从一个升序排列的数列中查找某数是否存在。

在一个有序数列中查找某数是否存在，可以使用折半查找算法。折半查找算法概述如下。

将一个由 n 个数组成的升序排列的数列存放在数组元素 $a[0]\sim a[n-1]$中，待查找的数放在变量 x 中。在 $a[top]\sim a[bottom]$范围内执行查找操作，初始化时，top=0，bottom=$n-1$。设变量 middle 表示查找范围的中点，即 middle=（top+bottom）/2。所谓折半查找是指利用 middle 将查找范围分为两个区间，将 x 与 $a[middle]$比较，如果二者相等，表示在数列中找到了 x，查找过程结束，否则根据二者的大小确定 x 在哪个区间，然后将该区间作为新的查找范围进行新一轮查找，这个过程一直进行下去，直到找到 x 或确定数列中无 x 为止。

在每一轮查找中，需要进行下面的判断。

（1）判断条件 $x==a[middle]$是否为"真"，如果为"真"，表示在数列中找到 x，查找过程结束。否则执行（2）。

（2）判断 x 是否大于 $a[middle]$，如果大于，则 x 可能在 $a[middle+1]\sim a[bottom]$之间，即新的查找范围为 $a[middle+1]\sim a[bottom]$，top=middle+1，而 bottom 保持不变。如果 x 不大于 $a[middle]$，则执行（3）。

（3）此时 x 必定小于 $a[middle]$ ，表示 x 可能在 $a[top]\sim a[middle-1]$之间，下一步的查找需在这个范围内进行，即 top 保持不变，而 bottom=middle-1。

在两种情况下查找过程结束：一是已经在数列中找到了待查找的数；二是 top>bottom。

算法的 N-S 图如图 7-4 所示。定义一个整型变量 f 来标志在数列中是否找到了 x。查找过程结束后，若 f 为 1，表示在数列中找到 x；f 为 0，表示数列中没有要找的数。

程序如下：

```
#include <iostream.h>
void main()
{ int a[50],top,bottom,middle,i,x,f,n;
  cout<<"请输入数据个数:";
  cin>>n;
  cout<<"请按升序输入数:"<<'\n';
  for(i=0;i<n;i++)
    cin>>a[i];
  cout<<"请输入待查找的数:";
  cin>>x;
  top=0,bottom=n-1,f=0;
  while(top<=bottom)
```

```
{ middle=(top+bottom)/2;
  if(x==a[middle])
  { f=1;
    break;}
  else if(x>a[middle])  top=middle+1;
  else  bottom=middle-1;
}
if(f)                                //等价于 if(f==1)
  cout<<"找到了"<<x<<",它是数列中的第"<<middle+1<<"个数．";
else
  cout<<"数列中没有这个数。";
cout<<endl;
}
```

第一次运行结果如下：

请输入数据个数：16↵
请按升序输入数：
2 3 5 6 9 9 13 15 23 30 32 45 49 57 78 100↵
请输入待查找的数：13↵
找到了 13，它是数列中的第 7 个数。

第二次运行结果如下：

请输入数据个数：10↵
请按升序输入数：
1 3 5 6 9 10 11 13 23 38 ↵
请输入待查找的数：15↵
数列中没有这个数。

4．将一个数组中的数循环左移，例如，数组中原来的数为 1、2、3、4、5，移动后变成：2、3、4、5、1。

算法解析：假设有 5 个数依次存放在 $t[0]\sim t[4]$ 中。设置一个变量 k，首先将 $t[0]$ 中的数放到变量 k 中，然后将数组元素 $t[1]\sim t[4]$ 中的数依次前移：即 $t[1]$ 中的数移到 $t[0]$ 中，$t[2]$ 中的数移到 $t[1]$ 中，$t[3]$ 中的数移到 $t[2]$ 中，$t[4]$ 中的数移到 $t[3]$ 中，最后将 k 中的数放到 $t[4]$ 中。算法如图 7-5 所示。

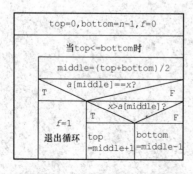

图 7-4　折半查找算法 N-S 图

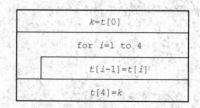

图 7-5　循环左移算法

程序如下：

```
#include <iostream.h>
void main()
{ int t[5],i,k;
  cout<<"请任意输入 5 个数:"<<endl;
   for(i=0;i<5;i++)
     cin>>t[i];
   k=t[0];
   for(i=1;i<=4;i++)
     t[i-1]=t[i];
   t[4]=k;
   cout<<"结果:"<<endl;
   for(i=0;i<5;i++)
   cout<<t[i]<< "  ";
  }
```

程序运行结果:

请输入任意 5 个数:

1 2 3 4 5↵

结果:

2 3 4 5 1

5. 从任意 n 个数中找出素数。要求:将找出的素数存放在数组中。

算法解析:

本题要求从 n 个数构成的数列中挑出素数,然后将这些素数存放在数组中。算法实现的思路:将数列中的某个数输入到变量 m 中,判断 m 是否为素数,若 m 是素数,就将其存放在数组中。这个过程共进行 n 次。将素数存放到数组中时,要确保素数按顺序连续存放在数组中,即从原始数列中挑出的第一个素数存放在数组元素 $a[0]$ 中,第二个素数存放在 $a[1]$ 中……因此,需要设计一个变量 k 来计数,如图 7-6 所示。

可以通过统计 m 的因子个数的方法来判断 m 是否是素数:如果 m 有且只有两个因子,那么 m 是素数,否则,m 不是素数。用变量 gs 来统计 m 的因子个数。

算法实现的 N-S 图如图 7-6 所示。

程序如下:

```
#include <iostream.h>
void main()
{ int n,k,i,j,m,gs,a[50];
  cout<<"请输入数据个数:";
  cin>>n;
  k=0;
  cout<<"请输入数据:";
  for(i=1;i<=n;i++)
  { cin>>m;
    gs=0;
      for(j=1;j<=m;j++)
         if(m%j==0)gs++;
      if(gs==2)
      { a[k]=m;k++;}
```

```
  }
  for(i=0;i<k;i++)
     cout<<a[i]<<"   ";
}
```

程序运行结果：

请输入数据个数：5↵
请输入数据：8 7 1 2 3↵
挑出的素数：7   2   3

6．编写程序，找出二维数组中所有元素的最大值。

算法解析：假设原始数据有 n 行 m 列，将它们存储在二维数组的 $0 \sim n-1$ 行，$0 \sim m-1$ 列。用变量 max、h、1 分别存放二维数组中的最大数及其行号和列号。首先假设 $a[0][0]$ 最大，即令 max=$a[0][0]$，$h=0$，1=0，然后开始比较 max 和数组元素：用 max 和 $a[0][1]$ 比较，将二者中大的数存放在 max 中，其行和列分别存放在 h 和 1 中；然后将 max 和 $a[0][2]$ 进行比较，将二者中大的数存放在 max 中，其行和列分别存放在 h 和 1 中；这个过程一直进行下去，当 max 和 $a[n-1][m-1]$ 比较过程完成后，二维数组中最大的数就存放在 max 中，其行和列分别存放在 h 和 1 中。该算法的实现过程如图 7-7 所示，为了方便算法的实现，图中 max 和数组元素的比较过程从 $a[0][0]$ 开始。

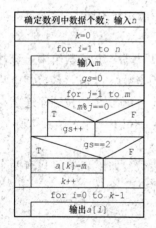

图 7-6　第 5 题算法实现 N-S 图

```
确定矩阵行列：输入n和m
for i=0 to n-1
   for j=0 to m-1
      输入a[i][j]
max=a[0][0], h=0, l=0
for i=0 to n-1
   for j=0 to m-1
      max<a[i][j]?
    T            F
   max=a[i][j]
   h=i, l=j
输出max, h, l
```

图 7-7　在二维数组中找最大值算法

程序如下：

```cpp
#include "iostream.h"
void main()
{int n,m,a[10][10],i,j,max,h,l;
 cout<<"请输入矩阵的行数和列数:";
 cin>>n>>m;
 cout<<"请输入矩阵中的数据:"<<endl;
 for(i=0;i<n;i++)
      for(j=0;j<m;j++)
           cin>>a[i][j];
 max=a[0][0];h=0;l=0;
 for(i=0;i<n;i++)
       for(j=0;j<m;j++)
```

```
            if(max<a[i][j])
            {max=a[i][j];
             h=i;l=j;}
 cout<<"矩阵中的最大数是:a["<<h<<"]["<<l<<"]=" <<max;
}
```

程序运行结果：

请输入矩阵的行数和列数：3 4↵
请输入矩阵中的数据：
1 2 3 4↵
5 6 7 8↵
9 1 10 2↵
矩阵中的最大数是：a[2][2]=10

7. 编写程序，从矩阵中找鞍点。如果某个元素是鞍点，那么该元素在所处的行中最大，列中最小，也可能没有鞍点。要求：如果有鞍点，输出鞍点的值，以及其所处的行和列；如果矩阵中没有鞍点，就打印出提示信息。

算法解析：按题意，在每行中进行这样的操作：首先找到该行中最大的元素 max 及其列号 k，然后在该列（即 k 列）的所有元素中验证找出的这个数（即 max）是否是最小，若是最小，则 max 就是鞍点，否则，max 不是鞍点。算法如图 7-8 所示。

变量 $f1$ 用于标记 max 在 k 列上是否为最小。验证过程结束后，若 $f1=1$，则表示 max 在 k 列上最小，max 是第 i 行上的鞍点，若 $f1=0$，表示 max 在 k 列上不是最小的元素，第 i 行上没有鞍点。

变量 $f2$ 用于标记矩阵中是否有鞍点，当查找鞍点的过程结束后，若 $f2=1$，表示矩阵中有鞍点，若 $f2=0$，表示矩阵中无鞍点。

程序如下：

```
#include "iostream.h"
void main()
{int n,m,a[10][10],i,j,max,k,f1,f2;
 cout<<"请输入矩阵的行数和列数:";
 cin>>n>>m;
 cout<<"请输入矩阵中的数据:"<<endl;
 for(i=0;i<n;i++)
     for(j=0;j<m;j++)
          cin>>a[i][j];
 f2=0;
 for(i=0;i<n;i++)
 { max=a[i][0];
   k=0;
   for(j=1;j<m;j++)
       if(max<a[i][j])
       {max=a[i][j];
        k=j;}
   f1=1;
   for(j=0;j<n;j++)
       if(max>a[j][k])f1=0;
```

```
   if(f1==1)
   {cout<<"a["<<i<<"]["<<k <<"]="<<max<<"是鞍点"<<endl;
    f2=1;}
 }
 if(f2==0)
    cout<<"矩阵中无鞍点";
}
```

第一次运行程序的结果：

请输入矩阵的行数和列数：3 4↵
请输入矩阵中的数据：
1 2 4 3↵
5 6 7 8↵
6 8 9 4↵
a[0][2]=4 是鞍点

第二次运行程序的结果：

请输入矩阵的行数和列数：3 4↵
请输入矩阵中的数据：

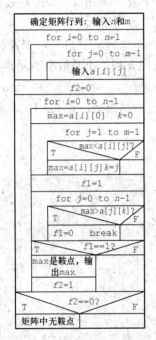

1 2 3 4↵
5 6 7 0↵
8 7 6 5↵
矩阵中无鞍点

8. 写一个程序，计算二维数组各列之和。

算法解析：算法的 N-S 图如图 7-9 所示。

数组 col_s 用于存放二维数组各列元素之和。

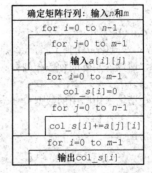

图 7-8　在二维数组中找鞍点的算法　　　　图 7-9　计算二维数组各列之和的算法

程序如下：

```cpp
#include <iostream.h>
void main()
{int n,m,a[10][10],i,j,col_s[10];
 cout<<"请输入矩阵的行数和列数:";
 cin>>n>>m;
 cout<<"请输入矩阵中的数据:"<<endl;
 for(i=0;i<n;i++)
```

```
        for(j=0;j<m;j++)
            cin>>a[i][j];
  for(i=0;i<m;i++)
  { col_s[i]=0;
    for(j=0;j<n;j++)
            col_s[i]+=a[j][i];
  }
  for(i=0;i<m;i++)
      cout<<"第"<<i<<"列之和为:"<<col_s[i]<<endl;
}
```

程序运行结果：

请输入矩阵的行数和列数：4 3↵
请输入矩阵中的数据：
1 2 3↵
4 5 6↵
7 8 9↵
0 2 8↵
第 0 列之和为:12
第 1 列之和为:17
第 2 列之和为:26

9. 编写程序比较两个字符串的大小，不要用函数 strcmp。

算法解析：字符串比较的规则为将两个字符串自左至右逐个字符按 ASCII 码值比较大小，直到出现不同的字符或遇到'\0'为止。如果全部字符都相同，则认为两个字符串相等，如果二者中有不相同的字符，以第一对不相同的字符大小为比较的结果。如

"BeiJing"与"BeiFang"：两个字符串的前 3 个字符相同，第 4 个字符不同，该字符的比较结果为整个字符的比较结果。由于'J'的 ASCII 码大于'F'的 ASCII 码，所以，比较结果为"BeiJing">"BeiFang"。

"Bei"与"Bei"：两个字符串中包含的字符个数相同并且对应字符都相同，所以，两个字符串相等。

"Be"与"Bei"：两个字符串的前两个字符相同，之后遇到第一个字符串的结束标志'\0'，比较过程结束，结果为"Be"<"Bei"。

根据以上比较规则实现两个字符串比较的算法如图 7-10 所示。

程序如下：

```
#include <stdio.h>
void main()
{char t1[20],t2[20];
 int i;
 printf("请输入第一个字符串:");
 gets(t1);
 printf("请输入第二个字符串:");
 gets(t2);
 i=0;
 while(t1[i]==t2[i]&&t1[i]!='\0'&&t2[i]!='\0')
     i++;
 if(t1[i]>t2[i])
```

```
        printf("字串%s 大于字符串%s",t1,t2);
else if(t1[i]<t2[i])
    printf("字串%s 小于字符串%s",t1,t2);
else
    printf("字串%s 等于字符串%s",t1,t2);
}
```

第一次程序运行的结果：

请输入第一个字符串:BeiJing↵
请输入第二个字符串:BeiFang↵
字符串 BeiJing 大于字符串 BeiFang

第二次程序运行的结果：

请输入第一个字符串：Bei↵
请输入第二个字符串：Bei↵
字符串 Bei 等于字符串 Bei

第三次程序运行的结果：

请输入第一个字符串：Be↵
请输入第二个字符串：Bei↵
字符串 Be 小于字符串 Bei

10. 编写程序将一个字符串首尾互换。例如，字符串原始值为"I am happy!"，处理后变成："!yppah ma I"。

算法解析：按题意，首先将字符串中的第一个字符和最后一个字符互换，然后将第二个字符和倒数第二个字符互换……算法 N-S 图如图 7-11 所示。

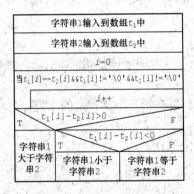

图 7-10   字符串比较的算法

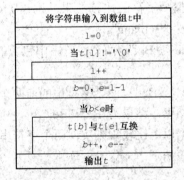

图 7-11   字符串首尾互换算法

首先测试字符串的长度 l，确定字符串中最后一个字符在数组中存储的位置。例如，题目中字符串的长度为 11，字符串中最后一个字符'!'应存储在下标为 10 的数组元素中。用变量 b 记录字符串待处理部分首字符的存储位置，用变量 e 记录字符串待处理部分最后一个字符的存储位置，初始化时，$b=0$，$e=l-1$。互换过程用循环来完成：①首先将下标为 b 和 e 的数组元素中的值互换；②b 加 1，e 减 1；③若 $b<e$，则执行①。

程序如下：

```
#include <stdio.h>
```

```
void main()
{char t[30],c;
 int i,l,e,b;
 printf("请输入字符串:");
 gets(t);
 l=0;
 while(t[l]!='\0')
      l++;
 b=0;e=l-1;
 while(b<e)
 {  c=t[b];t[b]=t[e];t[e]=c;
    b++;e--;}
 printf("首尾互换后的字符串:");
 puts(t);
}
```

程序运行结果：

请输入字符串:I am happy! ↵
首尾互换后的字符串:!yppah ma I

11. 编写一个函数将字符串中的大写字母变成相应的小写字母，小写字母变成相应的大写字母，其他字符不变。在主函数中调用该函数，完成任意字符串的转换，并输出结果。

算法解析：按题意进行字符转换的算法的 N-S 图如图 7-12 所示。

在编写字符转换的子函数时，定义字符数组作为形参。子函数被调用时，形参组和实参数组共用存储单元，这样子函数就获取了待处理的字符串。此外，当子函数执行完毕返回子函数时，转换的结果留在了实参数组中，调用函数可以通过这个实参数组获取转换的结果。

程序如下：

```
#include <stdio.h>
void zh(char t[])
{int i;
 i=0;
 while(t[i]!='\0')
 {  if(t[i]>='A'&&t[i]<='Z')
     t[i]+=32;
   else if(t[i]>='a'&&t[i]<='z')
     t[i]-=32;
   i++;}
}
void main()
{char t[30];
 void zh(char []);
 printf("请输入字符串:");
 gets(t);
 zh(t);
 printf("转换后的字符串:");
 puts(t);
}
```

程序运行结果：

请输入字符串：How Are You?
转换后的字符串：hOW aRE yOU?

12．写一个形成杨辉三角形的函数，编写主函数调用它，并输出结果。

算法解析：杨辉三角形如图 7-13 所示。它是一个矩阵的下三角部分，可以用二维数组相应的下三角部分的元素来存放。假设用数组 *a* 存放杨辉三角形，存放数据的规则：杨辉三角形第一行的元素存放在 *a*[0][0]中，第二行的元素分别存放 *a*[1][0]和 *a*[1][1]中，……，第 *n* 行的元素分别存放在 *a*[*n*−1][0]～*a*[*n*−1][[*n*−1]中。

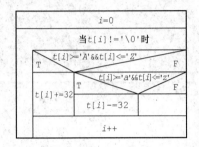

图 7-12　第 11 题字符串字符变换的算法

图 7-13　杨辉三角形

杨辉三角形的数据有如下特点：

（1）杨辉三角形中第一列元素全为 1，主对角元素全为 1，即 *a*[*i*][0]=1，*a*[*i*][*i*]=1，*i*=0～*n*−1。

（2）除第一列元素和主对角线元素外，杨辉三角形中其余元素均为上一行的同一列元素与上一行的前一列元素之和，即 *a*[*i*][*j*]=*a*[*i*−1]*a*[*j*−1]+*a*[*i*−1][*j*]，*i*=2～*n*−1，*j*=1～*i*−1。例如，矩阵中第 5 行第 2 列的元素（数值为 4，存放在 *a*[4][1]中），等于第 4 行第 2 列的元素（数值为 3，存放在 *a*[3][1]中）和第 4 行第 1 列的元素（数值为 1，存放在 *a*[3][0]中）之和，即 *a*[4][1]=*a*[3][1]+*a*[3][0]。

在子函数 *yh* 中形成杨辉三角形，算法如图 7-14 所示。首先根据特点（1）给数组相应元素赋值：第 0～*n*−1 行中的第 0 列和对角线元素赋值为 1，然后再根据特点（2）为其余元素赋值。子函数有两个形参：二维数组 *a* 用来存放形成的杨辉三角形，简单变量 *n* 确定杨辉三角形的行数。

在主函数中输出杨辉三角形，要注意的是只输出矩阵的下三角部分，即每行输出到对角线元素为止。

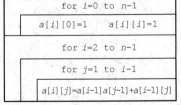

图 7-14　形成杨辉三角形的算法

程序如下：

```c
#include <stdio.h>
void yh(int a[][10],int n)
{int i,j;
 for(i=0;i<n;i++)
 { a[i][0]=1;a[i][i]=1;}
 for(i=2;i<n;i++)
      for(j=1;j<i;j++)
```

```
        a[i][j]=a[i-1][j-1]+a[i-1][j];
    }
void main()
{int t[10][10],n,i,j;
 void yh(int [][10],int);
 printf("请输入杨辉三角形的行数:");
 scanf("%d",&n);
 yh(t,n);
 printf("%d 行的杨辉三角形为:\n",n);
 for(i=0;i<n;i++)
 { printf("\n");
   for(j=0;j<=i;j++)
       printf("%4d",t[i][j]);
}
}
```

运行结果：

请输入杨辉三角形的行数：10
10 行的杨辉三角形为

```
 1
 1   1
 1   2   1
 1   3   3   1
 1   4   6   4    1
 1   5  10  10    5    1
 1   6  15  20   15    6    1
 1   7  21  35   35   21    7   1
 1   8  28  56   70   56   28   8   1
 1   9  36  84  126  126   84  36   9   1
```

第八章 指   针

一、选择题

1. 若有说明：int i, j=7, *p；p=&i；则与 $i=j$ 等价的语句是（   ）。

    A．i=*p；   B．*p=*&j；   C．i=&j   D．i=**p；

参考答案：B。

2. 设 p1 和 p2 是指向同一个 int 型一维数组的指针变量，k 为 int 型变量，则不能正确执行的语句是（   ）。

    A．k=*p1+*p2；   B．p2=k；   C．p1=p2；   D．k=*p1*（*p2）；

参考答案：B。

二、找出下面程序或程序段中的错误，并改正

在下面程序中输入"China↵"，要求输出 China。

```
#include <iostream.h>
void main()
{ char a[5],*p;
```

```
  int i;
  *p=a;
  for(i=0;i<5;i++)
    cin>>*(p+i);
  cout<<p;
}
```

正确程序：

```
#include <iostream.h>
void main()
{ char a[6],*p;
  int i;
  p=a;
  for(i=0;i<5;i++)
    cin>>*(p+i);
  a[5]='\0';
  cout<<p;
}
```

解析   错误一：char a[5]应为 char a[6]。

字符串 "China" 占 6 个字节的内存空间，数组 *a* 至少需要包含 6 个数组元素。

错误二：*p=a;。

将数组 *a* 的首地址（即 *a*[0]的地址）赋给指针变量 p，正确的表达形式为 p=a;。

错误三：将字符串存储到数组中时，没有考虑字符串结束符'\0'，导致输出时出错（在正确的结果后出现一些乱码）。因此，在 for 循环结束后，应添加语句 *a*[5]='\0';。

三、读程序，写运行结果

1.

```
#include <stdio.h>
void main()
{ int *v,b;
  v=&b;b=100;*v+=b;
  printf("%d\n",b);
}
```

参考答案： 200

2.

```
#include <iostream.h>
void fun(int *x)
{ cout<<++*x<<endl; }
void main()
{
  int a=25;
  fun(&a);
}
```

参考答案： 26

3.

```c
#include <stdio.h>
void ast(int x,int y,int *cp,int *dp)
{
  *cp=x*y;
  *dp=x%y;
}
void main()
{
  int a,b,c,d;
  a=2; b=3;
  ast(a,b,&c,&d);
  printf("c=%d,d=%d ",c,d);
}
```

参考答案：c=6，d=2

4.

```c
#include <stdio.h>
void main()
{
  int a=10,b=0,*pa, *pb;
  pa=&a; pb=&b;
  printf("%d,%d\n",a,b);
  printf("%d,%d\n",*pa,*pb);
  a=20; b=30;
  *pa=a++; *pb=b++;
  printf("%d,%d\n",a,b);
  printf("%d,%d\n",*pa,*pb);
  (*pa)++;
  (*pb)++;
  printf("%d,%d\n",a,b);
  printf("%d,%d\n",*pa,*pb);
}
```

参考答案：

```
10,0
10,0
21,31
21,31
22,32
22,32
```

5. 写出程序的运行结果，并说明该程序的功能。

```c
#include <iostream.h>
void main()
{int y=25,i=0,j,a[8],*p_a;
 p_a=a;
 do
 {*p_a=y%2;*p_a++;i++;
   y=y/2;
```

```
      }
   while(y>=1);
   for(j=1;j<=i;j++)
     cout<<*--p_a;
   cout<<endl;
   }
```

参考答案：11001

该程序的功能是将变量 y 中的十进制数转换成二进制数，转换所得的二进制数按低位至高位的顺序依次存放在数组元素 $a[0]\sim a[i-1]$ 中。

6.

```
#include <iostream.h>
#include <string.h>
void main()
{char str[][20]={"One*World","One*Dream!"},*p=str[1];
 cout<<strlen(p)<<"--"<<p;
 cout<<endl;
}
```

参考答案：10--One*Dream!

解析　初始化后，二维字符数组 str 的 0 行和 1 行分别存储字符串"One*World"和"One*Dream!"，指针变量 p 指向 str 的第一行行首，即指向字符串"One*Dream!"的首字符。

四、编写程序

1. 写一个函数，求一个字符串的长度，在 main 函数中输入字符串，并输出其长度。

算法解析：测试字符串长度实质上是计数，设变量 l 用于存放字符串的长度，其初值为0。从字符数组的 0 单元开始测试，只要被测试单元的值不是字符串的结束标志'\0'，l 就加 1，然后接着测试下一单元，这个过程一直到被测试单元的值为'\0'为止，算法的 N-S 图如图 8-1 所示。

本题测试字符串长度在子函数 *cd* 中完成。子函数 *cd* 定义成整型，其函数值为测试得到的字符串的长度，定义一个形参，为指向字符数组的指针变量 p，在主函数中调用 *cd* 时，待测试的字符数组的首地址通过实参和形参的结合传递给 p。

程序如下：

```
#include <stdio.h>
void main()
{char str[50];
 int l_str,cd(char *);
 printf("请输入字符串:");
 gets(str);
 l_str=cd(str);
 printf("字符串%s 的长度是%d",str,l_str);
}
int cd(char *p)
{int l;
 l=0;
 while(*p!='\0')
 {l++;p++;}
```

```
 return 1;
}
```

程序的运行结果：

请输入字符串:I am a student↵
字符串 I am a student 的长度是 14

2．编程实现：从键盘输入一个任意字符串，然后输入所要查找的字符。存在，则返回它第一次在字符串中出现的位置；否则，输出"在字符串中查找不到！"。

算法解析：利用顺序查找的方法来实现，即从字符串的首位置开始，将字符串中的字符依次和要查找的字符进行对比，如果要查找的字符和字符串中的某个字符相等，则查找过程结束，如果要查找的字符和字符串中的字符不相等，就继续查找，直到字符串结束为止，查找算法如图 8-2 所示。

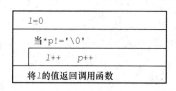

图 8-1　测试字符串长度的算法

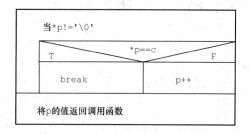

图 8-2　查找字符是否在字符串中出现的算法

定义函数 wz 来实现查找算法，该函数的返回值是一个指向字符的指针。如果要查找的字符在字符串中出现，则函数值指向该字符第一次在字符串中出现的位置，否则，函数值指向'\0'。

程序如下：

```
#include<stdio.h>
char *wz( char *p,char c)
{while(*p!='\0')
   if(*p==c)break;
      else p++;
 return p;
}
void main()
{ char str[64],*p,c;
 char *wz(char *,char);
 printf("请输入一个字符串:");
 gets(str);
 printf("请输入要查找的字符:");
 c=getchar();
 p=wz(str,c);
 if(*p)
    printf("%c 在字符串中第一次出现的位置为: %d",c,p-str);
 else
    printf("在字符串中没有所查字符!");
}
```

第一次程序的运行结果：

请输入一个字符串：you and me↙
请输入要查找的字符：a↙
a 在字符串中第一次出现的位置为： 4

第二次程序的运行结果：

请输入一个字符串：you and me↙
请输入要查找的字符：t↙
在字符串中没有所查的字符！

3. 写一个程序，计算任意 *n* 个数之和（要求：将 *n* 个数输入到数组中，然后再求和，要用指针来处理）。

算法解析：算法如图 8-3 所示。变量 *s* 用于存放和，定义一个指向整型变量的指针 p，通过这个指针变量间接访问数组元素。

程序如下：

```cpp
#include <iostream.h>
void main()
{int a[30],n,*p,i,s;
 p=a;
 s=0;
 cout<<"请输入数据个数:";
 cin>>n;
 cout<<"请输入"<<n<<"个数:\n";
 for(i=0;i<n;i++)
 {cin>>*p;
  s+=*p;
  p++;}
 cout<<n<<"个数之和为:"<<s;
}
```

运行结果：

请输入数据个数:6↙
请输入 6 个数:
2 3 8 7 9 5↙
6 个数之和为:34

4. 写一个程序，计算一个二维数组中所有元素的平均值（用指针处理）。

算法解析：程序中计算一个 5 行 5 列矩阵的平均值。定义一个指向整型变量的指针变量，令其依次指向 *a*[0][0]～*a*[4][4]，在此过程中按行的顺序依次输入矩阵中的数据，并求和。注意，由于 sum 是整型变量，所以计算平均值的表达式应为 sum/25.0。

程序如下：

```cpp
#include <iostream.h>
void main()
{int a[5][5],sum;
 int *p;
 sum=0;
 cout<<"请输入一个 5x5 矩阵:\n";
```

```
for(p=a[0];p<a[0]+25;p++)
{  cin>>*p;
   sum+=*p;
}
cout<<"平均值为:"<<sum/25.0;
}
```

运行结果：

请输入一个 5×5 矩阵：
1 2 3 4 5↵
6 7 8 9 0↵
9 0 8 7 6↵
1 3 5 7 9↵
2 3 5 1 8↵
平均值为:4.76

5. 写一个函数，将字符数组 *s2* 中的字符串复制到字符数组 *s1* 中（要求用指针，不要用函数 strcpy）。在主函数中调用该函数并输出结果。

算法解析：算法的 N-S 图如图 8-4 所示。

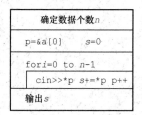

图 8-3　*n* 个数组元素求和的算法

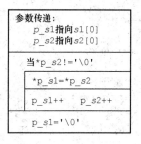

图 8-4　字符串复制的算法

程序如下：

```
#include <stdio.h>
void main()
{ char s1[20],s2[20];
  void fz(char *,char *);
  printf("请输入字符串:");
  gets(s2);
  fz(s1,s2);
  puts(s1);
}
void fz(char *p_s1,char *p_s2 )
{ while(*p_s2!='\0')
  {  *p_s1=*p_s2;
     p_s1++;
      p_s2++;
  }
  *p_s1='\0';
}
```

运行结果：

请输入字符串:This is it↵

```
This is it
```

6. 写一个函数，求两个整数的最大公约数和最小公倍数，用主函数调用这个函数，并输出结果。两个整数由键盘输入。

算法解析：子函数 js 有 4 个形式参数：整型变量 m 和 n，指向整型变量的指针变量 p_gy 和 p_gb。m 和 n 中是要处理的数据，m 和 n 的最大公约数存放在 p_gy 指向的变量中，m 和 n 的最小公倍数存放在 p_gb 指向的变量中。利用这种方式可以将多个计算结果带回调用函数。

程序如下：

```cpp
#include <iostream.h>
void main()
{ int m,n,gy,gb;
  void js(int,int,int *,int *);
  cout<<"请输入两个整数:";
  cin>>m>>n;
  js(m,n,&gy,&gb);
  cout<<"公约数为:"<<gy<<endl<<"公倍数为:"<<gb;
}
void js(int m,int n,int *p_gy,int *p_gb)
{int r;
 *p_gb=m*n;
 if(m<n)
 {r=m;m=n;n=r;}
 r=m%n;
 while(r!=0)
 {m=n;n=r;r=m%n;}
 *p_gy=n;
 *p_gb=*p_gb/n;
}
```

第一次程序的运行结果：

请输入两个整数:2 3↵
公约数为:1
公倍数为:6

第二次程序的运行结果：

请输入两个整数:2 4↵
公约数为:2
公倍数为:4

第三次程序的运行结果：

请输入两个整数:4 6
公约数为:2
公倍数为:12

第九章 文 件

一、改错题

1. 文件 dy.dat 中有一批非负整数，要求将 dy.dat 中的偶数挑出来，写到文件 ot.dat 中。

指出程序中有错误的地方，并改正。

```cpp
#include <fstream>
using namespace std;
void main()
{int b;
 ifstream infile,outfile;
 infile.open("dy.dat");
 outfile.open("ot.dat");
 infile>>b;
 while(b>=0)
 {  if(b%2==0) outfile<<b<<',';
    infile>>b;
 }
 infile.close();
 outfile.close();
}
```

正确的程序：

```cpp
#include <fstream.h>
#include <iostream.h>
void main()
{int b;
 ifstream infile;
 ofstream outfile;
 infile.open("dy.dat");
 outfile.open("ot.dat",ios::out);
 infile>>b;
 while(b>=0)
 {  cout<<b<<"  ";
    if(b%2==0) outfile<<b<<',';
    infile>>b;
 }
 infile.close();
 outfile.close();
}
```

2．从键盘输入 5 个整数，将其用二进制形式写入到文件 f.dat 中，然后将这 5 个数从文件中读出，并在显示器上输出。

```cpp
#include <fstream>
#include <iostream>
using namespace std;
int main()
{void a,i;
 ofstream  outfile("f.dat",ios::out|ios::binary);
 for(i=0;i<5;i++)
 { cin>>a;
   outfile.write((char *)&a,4);
 }
 outfile.open("f.dat",ios::in|ios::binary);
 for(i=0;i<5;i++)
```

```
{  outfile.read((char *)&a,4);
   cout<<a<<',';
}
}
```

正确的程序：

```
#include <fstream.h>
#include <iostream.h>
void main()
{int a,i;
 ofstream  outfile("f.dat",ios::out|ios::binary);
 ifstream infile("f.dat",ios::in|ios::binary);
 for(i=0;i<5;i++)
 { cin>>a;
   outfile.write((char *)&a,4);
 }
 outfile.close();
 for(i=0;i<5;i++)
 {   infile.read((char *)&a,4);
     cout<<a<<',';
 }
 infile.close();
}
```

二、编写程序

1. 将 10 个数输入到文件 at1.dat 中。
程序如下：

```
#include <fstream.h>
#include <iostream.h>
void main()
{int a,i;
 ofstream outfile("at1.dat",ios::out);
 for(i=0;i<10;i++)
 {  cin>>a;
    outfile<<a<<"  ";
 }
 outfile.close();
}
```

运行结果：

通过键盘输入：1 2 3 4 5 9 8 7 6 0(↵)，程序运行结束。查看文件 at1.dat，其内容为：
1 2 3 4 5 9 8 7 6 0

2. 将文件 at1.dat 中的数据读入，计算每个数的平方，并依次存放到文件 at2.dat 中。
程序如下：

```
#include <fstream.h>
#include <iostream.h>
void main()
{int a,i;
 ifstream infile("at1.dat",ios::in);
```

```
ofstream outfile("at2.dat",ios::out);
for(i=0;i<10;i++)
{  infile>>a;
   outfile<<a*a<<"  ";
}
outfile.close();
infile.close();
}
```

运行结果：

文件 at1.dat 的内容同第 1 题,程序执行结束后,查看 at2.dat 文件的内容为:
1 4 9 16 25 81 64 49 36 0

3. 将一批数据以二进制形式存放在磁盘文件中。

程序如下：

```
#include <fstream.h>
#include <iostream.h>
void main()
{int a,i,n;
 ofstream  outfile("f.dat",ios::out|ios::binary);
 cout<<"请输入数据个数:";
 cin>>n;
 for(i=0;i<n;i++)
 { cin>>a;
   outfile.write((char *)&a,4);
 }
 outfile.close();
}
```

运行结果：

请输入数据个数:5↵
1 2 3 4 5↵

程序运行结束后，输入的 5 个数据以二进制形式存放于文件 f.dat 中。

第十章　构造数据类型

1. 共用体与结构体的区别是什么？

共用体和结构体占用内存空间不一样，共用体所占内存是其成员变量中占内存最大的成员变量的内存空间，而结构体是所有成员变量所占内存空间的总和。

共用体变量所有成员共用一块内存单元，虽然每个成员都可以被赋值，但只有最后一次赋予的成员值能够保存而且有意义，前面赋予的值被后面赋予的值所覆盖。而对于结构体，不同成员赋值是互不影响的。

比如：

```
union A
{ int a;
float b;
```

```
};
struct B{
int a;
float b;
}
```

那么 A 的大小就是 float 的大小，B 的大小是 int+float 的大小。Union 总体来说就是为了节省内存空间而设定的。

2. 给出下列程序的执行结果：

（1）

```
#include <iostream.h>
struct score
{
  int math;
  int english;
  int computer;
  float average;
};
void main()
{
  struct score st;
  st.math=80;
  st.english=85;
  st.computer=90;
  st.average=float(st.math+st.english+st.computer)/3;
  cout<< "math: " <<st.math<<endl;
  cout<< "englisg: " <<st.english<<endl;
  cout<< "computer: " <<st.computer<<endl;
  cout<< "average: " <<st.average<<endl;
}
```

运行结果：

```
math:80
englisg:85
computer:90
average:85
```

（2）

```
#include <iostream.h>
union type
{
  short i;
  char ch;
};
void main()
{
  union type data;
  data.i=0x5566;
  cout<<"data.i="<<hex<<data.i<<endl;
  data.ch='A';//'A'的ASCII 码为 0x41
```

```
      cout<<"data.ch="<<data.ch<<endl;
      cout<<"data.i="<<hex<<data.i<<endl;
}
```

运行结果：

```
data.i=5566
data.ch=A
data.i=5541
```

解析　程序定义了一个共用体 data，最大内存占用量为 short，为了说明内存的占用和变化情况，共用体变量赋值时使用了十六进制方式 0x5566，这时在 2B 的存储空间中，高位字节存放 55，低位字节存放 66，按照十六进制输出，结果显示为 data.i=5566，继续对 data.ch 成员赋值'A'并输出，结果显示为 data.ch=A，由于共用体成员共用内存，data.ch='A';的赋值改写了共用体的低位字节，所以高位字节的 55 并未受到第二次赋值的影响，因此最后一句输出 cout<<"data.i="<<hex<<data.i<<endl; 就将共用体内存中的数据作为成员 i 的值输出。

3．编写程序输入 10 个学生的姓名、学号和成绩，将其中不及格者的姓名、学号和成绩输出。

算法解析：该问题可以使用数组来完成，由于使用了不同类型的数据，因此在用数组实现时略显烦琐，多个数组直接需要依靠下标进行联系，而采用结构体数组可以很好地解决这样的问题。

```cpp
#include <iostream.h>
struct student
{
    char name[10];
    int num;
    float score;
};
void main()
{
    struct student stu[10];
    int i;
    for(i=0;i<10;i++)
    {
        cout<<"input name:";
        cin>>stu[i].name;
        cout<<endl;
        cout<<"input num:";
        cin>>stu[i].num;
        cout<<endl;
        cout<<"input score:";
        cin>>stu[i].score;
        cout<<endl;
    }
    cout<<"name\tnumber\tscore\n";
    cout<<"--------------------\n";
    for(i=0;i<10;i++)
        if(stu[i].score<60)
            cout<<stu[i].name<<"\t"<<stu[i].num<<"\t"<<stu[i].score<<" "<<endl;
```

```
        cout<<"--------------------\n";
}
```

4．定义一个结构变量（包括年、月、日）。计算该日在本年中是第几天？

算法解析：本题的解决难点在于定义一个存放各个月份的数组，0 下标元素不使用，这样就将月份和数组下标对应起来了，但是要注意闰年的问题，需要根据输入的年份对 $m[2]$ 重新赋值。

```
#include <iostream.h>
struct date
{
    int year,month,day;

};
void main()
{
    struct date da;
    int i,days=0;
    int m[13]={0,31,28,31,30,31,30,31,31,30,31,30,31};
    cin>>da.year>>da.month>>da.day;
    if(da.year%4==0&&da.year%100!=0||da.year%400==0)
        m[2]=29;
    for(i=1;i<da.month;i++)
        days=days+m[i];
    days=days+da.day;
    cout<<da.year<<"-"<<da.month<<"-"<<da.day<<"在本年是第"<<days<<"天\n";
}
```

第二部分 实 验 指 导

第一章 实验环境及其操作

设计好一个 C++源程序后，就可以在计算机上运行程序了。现在一般采用集成环境（integrated development environment，IDE），把程序的编辑、编译、连接和运行集中在一个界面中进行，操作方便，直观易学。有多种 C++编译系统供我们使用，本书只介绍 Visual C++ 6.0。Visual C++ 6.0 是美国微软公司开发的 C++集成开发环境，它集源程序的编写、编译、连接、调试、运行，以及应用程序的文件管理于一体，是当前 PC 上最流行的 C++程序开发环境。本书的程序实例均用 Visual C++ 6.0 调试通过，下面对这一开发环境作一个简单地介绍。Visual C++ 6.0 的功能较多，这里仅介绍一些常用的功能。在以后的学习中，要多用、多试、多思考，才能够熟练地掌握它的用法。

同其他高级语言一样，要想得到可以执行的 C++程序，必须对 C++源程序进行编译和连接，该过程如图 1-1 所示。

图 1-1 C++程序的运行过程

对于 C++语言，这一过程的一般描述如下：使用文本编辑工具编写 C++程序，其文件后缀为.cpp，这种形式的程序称为源代码（Source Code），然后用编译器将源代码转换成二进制形式，文件扩展名为.obj，这种形式的程序称为目标代码（Objective Code），最后，将若干目标代码和现有的二进制代码库经过连接器连接，产生可执行代码（Executable Code），文件扩展名为.exe，只有.exe 文件才能运行。

1.1 Visual C++ 6.0 的安装和启动

如果您所使用的计算机未安装 Visual C++ 6.0，则应先安装 Visual C++ 6.0。Visual C++ 是 Visual Studio 的一部分，因此需要找到 Visual Studio 的光盘，执行其中的 setup.exe，并按屏幕上的提示进行安装即可。

安装结束后，在 Windows 的"开始"菜单的"程序"子菜单中就会出现 Microsoft Visual Studio 6.0 子菜单。

启动 Visual C++ 6.0 时，执行如下的命令：

开始→程序→Microsoft Visual Studio 6.0→Microsoft Visual C++ 6.0

出现 Visual C++ 6.0 主窗口。Visual C++ 6.0 集成开发环境被划分成四个主要区域：菜单和工具栏、项目工作区窗口、代码编辑窗口、输出窗口，如图 1-2 所示。在 Visual C++的主菜单中包含 9 个菜单项：File（文件），Edit（编辑），View（查看），Insert（插入），Project（项目），Build（构建），Tools（工具），Window（窗口），Help（帮助）。各项括号中是 Visual C++ 6.0 中文版的中文显示。工作区窗口用来显示所设定的工作区的信息，程序编辑窗口用来输入和编辑源程序，输出窗口用来显示编译、连接、调试等信息。

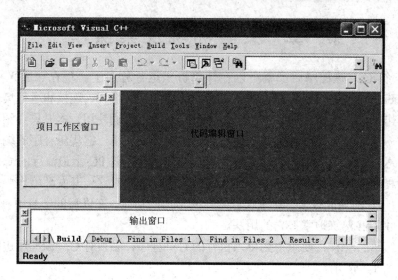

图 1-2　Visual C++ 6.0 窗口

1.1.1　项目工作区窗口

每一个应用程序都由多个源文件组成，并且需要系统提供的函数支持，连接时还需要指出库文件等。这样一个完整的程序在 Visual C++中称为项目。

Visual C++在项目工作区窗口显示与项目有关的信息，这些信息存放在以 dsw 为后缀的项目文件中。项目工作区窗口有三个标签：类视图（Class View）、资源视图（Resource View）和文件视图（File View）。

1. 文件视图

单击项目工作区窗口下面的 File View 标签，出现文件视图，单击文件视图节点中的"+"号，就可以展现文件目录，如图 1-3 所示。双击文件名，如双击 Sy1.cpp 就可以在编辑工作区打开 Sy1.cpp 文件，接着就可以编辑、修改 Sy1.cpp 文件。

2. 类视图

单击 Class View 标签，显示类视图。类视图用于显示程序中定义的类、函数、变量等，图 1-4 中 CMyEditDlg 是程序中的类名，OnClear2Button( )、OnTest2Button( )等是 CMyEditDlg 类中的函数，m_Edit1、m_Edit2 是 CMyEditDlg 类中的变量。

3. 资源视图

单击 Resource View 标签显示资源视图，资源视图用于显示程序中包含的资源文件，在图 1-5 中，IDD_ABOUTBOX 是一个对话框窗口（关于对话框），IDD_MYEDIT_DIALOG 也是一个对话框窗口（该程序的主窗口）。

1.1.2　编辑窗口

用户可以在编辑窗口编辑、修改源程序代码，图 1-6 表示的 Sy1.cpp 的编辑窗口。可以同时打开多个编辑区窗口，每个窗口可以通过单击右上角的最小化、最大化、复原、关闭等操作按钮改变窗口的状态。如果同时打开了多个窗口，可以在 Window 菜单下单击文件名选择窗口。

图 1-3　项目工作区的文件视图　　图 1-4　项目工作区的类视图　　图 1-5　项目工作区的资源视图

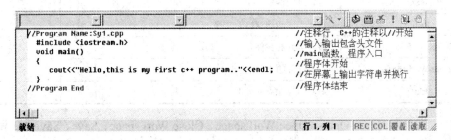

图 1-6　编辑源程序的编辑窗口

1.1.3　输出窗口

输出窗口显示编译、连接、调试和查询结果的提示信息。帮助检查程序中的语法错误，提示信息包括错误的条数、错误的位置、错误的大致原因等。下面的信息是编辑 Sy1.cpp 程序的显示信息：

```
ompiling…
Skipping…(no relevant changes detected)
Sy1.cpp

Sy1.obj - 0 error(s), 0 warning(s)
```

下面信息是连接的显示信息：

```
Linking…
Sy1.exe - 0 error(s), 0 warning(s)
```

如果程序中没有语法错误，就会显示：0 error(s)、0 warning(s)，此时的输出窗口也称为 Happy 窗口。

1.1.4　菜单

Visual C++ 6.0 的主界面有 9 项菜单，如图 1-2 所示。单击菜单项就可以激活菜单。下面介绍常用的 File 和 Build 菜单。

1. File 菜单

File 菜单包含对文件进行操作的命令，见表 1-1。

表 1-1   **File 菜 单**

菜 单 名 称	菜 单 功 能	标 准 按 钮
New	创建新的文件，或创建新的项目、工作区、文档等	
Open	打开已有的文件，如 C++程序等	📂
Close	关闭已打开的文件	
Open Workspace	打开已有的工作区	
Save Workspace	保存已打开的工作区	
Close Workspace	关闭已打开的工作区	
Save	保存当前活动窗口的文件	💾
Save As	将当前活动窗口的文件以新指定的文件名存盘	
Save All	保存所有打开的文件	🗗
Page Setup	设置打印格式	
Print	打印当前活动窗口的文件	
Recent File	最近打开的文件名	
Recent Workspaces	最近打开的工作区	
Exit	退出 Visual C++ 6.0	

在 File 菜单中 New、Open、Open Workspace、Close Workspace、Save、Save All 和 Recent Workspaces 都是经常用到的命令。

2. Build 菜单

Build 菜单用来进行应用程序的编译、连接、调试和运行，其功能见表 1-2。

表 1-2   **Build 菜 单**

菜 单 名 称	菜 单 功 能	标 准 按 钮
Compile Sy1.cpp	编译当前工作区窗口的 Sy1.cpp 文件	📑
Build Sy1.exe	编译和连接项目中所有修改过的文件	🏗
Rebuild All	编译和连接项目中的所有文件	
Batch Build…	选择执行 Build 和 Rebuild All	
Clean	删除该项目的中间文件和输出文件	
Start Debug	启动调试窗口，可以选择调试功能	
Debugger Remote Connection	调试远程计算机程序	
Execute Sy1.cpp	执行当前程序	❗
Set Active Configuration	选择 Debug 或 Release 配置	
Configuration	编辑项目配置	
Profile…	诊断程序的运行，指出代码瓶颈	

在表 1-2 中，斜体部分与当前编译的文件名有关，Compile、Build 和 Execute 是最常用的几个命令，在调试程序中会反复使用，因此，使用其对应的标准按钮更简洁和方便。

1.2 建立和运行一个最简单的 C++程序

先介绍最简单的情况，即程序只由一个源程序组成，就是单文件程序，有关多文件程序的操作以及项目的创建在本书的后续章节介绍。

例如：编写程序在屏幕上显示字符串："Hello, this is my first C++ program." 程序如下。

程序

```
//Program Name:Sy1.cpp                    //注释行，C++的注释以//开始
#include <iostream.h>                      //输入输出包含头文件
  void main()                              //main 函数，程序入口
  {                                        //程序体开始
    cout<<"Hello,this is my first c++ program.."<<endl;
                                           //在屏幕上输出字符串并换行
}                                          //程序体结束
//Program End
```

首先创建源程序文件（输入源程序），命名文件名为 Sy1.cpp；然后进行编译、连接；最后运行。下面就详细介绍操作步骤。

1.2.1 输入和编辑 C++源程序

在 Visual C++ 6.0 主窗口的主菜单栏中选择 File 菜单下的 New 命令（见图 1-7），打开 New 对话框，如图 1-8 所示。

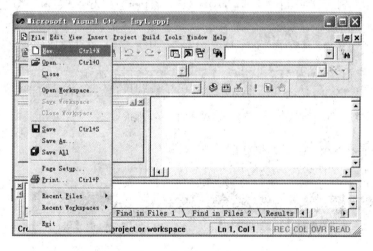

图 1-7 执行 New 命令

在 New 对话框中选择 File 标签，在其菜单中选择 C++ Source File 项，表示要建立新的 C++源文件，然后在对话框的右半部分的 Location（目录）文本框中输入准备编辑的源程序文件的存储路径（现假设为 E:\C++程序设计）。在其上方的 File 文本框中输入准备编辑的源程序文件的名字（如 Sy1.cpp），单击 OK 按钮。在编辑窗口就可以输入源程序了。输入程序代码，如图 1-9 所示。

接下来将程序存储到计算机中。

选择 File 菜单下的 Save 或 Save As 选项。

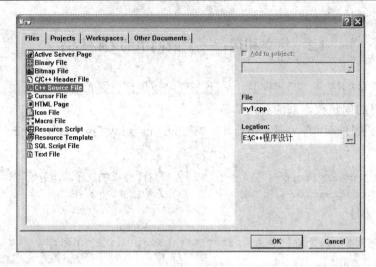

图 1-8   New 窗口

图 1-9   Visual C++窗口

Visual C++显示 Save As 对话框如图 1-10 所示。

以 Sy1.cpp 作为文件名存入 E:\C++程序设计子文件夹中。

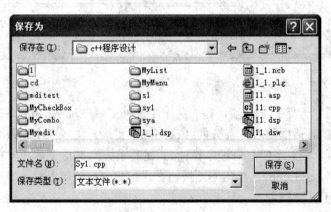

图 1-10   "保存为"对话框

1.2.2 编译并链接 Sy1.cpp

1. 编译 Sy1.cpp

选择 Build 菜单下的 Compile Sy1.cpp 命令（或按 Ctrl+F7 键）。屏幕上出现一个对话框，内容是 "This build command requires an active project workspace.Would you like to create a default project workspace?"（此编译命令要求一个有效的项目工作区。你是否同意建立一个默认的项目工作区），如图 1-11 所示。单击图 1-11 所示对话框中的"是"按钮，表示同意由系统建立默认的项目工作区，然后开始编译。

图 1-11 执行 Build 命令后的对话框

在进行编译时，编译系统检查源程序中有无语法错误，然后在主窗口下部的输出窗口输出编译的信息，如图 1-12 所示。如果输入程序代码正确，则将显示 0 error(s), 0 warning(s)信息，此时称该窗口为 Happy 窗口，接下来就可以进行连接了。

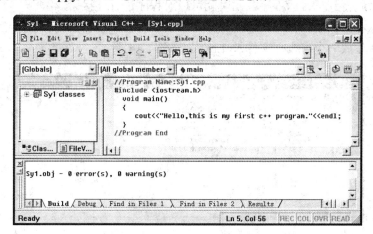

图 1-12 编译结果输出窗口（一）

如果输入的程序代码有错误，比如，在上例中的：

```
cout<<"Hello,this is my first c++ program. "<<endl
```

最后的"分号"漏写了，编译系统能检查出程序中的语法错误，语法错误分两类：一类是致命的错误，以 error 表示，如果程序中有这类错误，就不能通过编译，无法形成目标程序，更谈不上运行了。另一类是轻微错误，以 warning 表示，这类错误不影响生成目标程序和可执行程序，但有可能影响运行的结果。因此，也应该尽量改正，使程序既无 error，又无 warning。

在图 1-13 中调试信息输出窗口可以看到编译的信息，指出第 6 行有一个 error，错误的种类：在"}"之前漏了";"。查看图 1-13 中的程序代码，果然在第 5 行末漏了分号。本来是在程序的第 5 行有错，为什么在报错时说成是第 6 行呢？这是因为 C++允许将一个语句分写成几行，因此检查完第 5 行末尾无分号时还不能判定该语句有错，必须再检查下一行，直到发现第 6 行的"}"前都没有";",才能判定出错，所以在第 6 行报错。修改程序，在 cout 语句末尾加上";",再次编译，出现如图 1-12 所示的"0 error(s),0 warning(s)"。

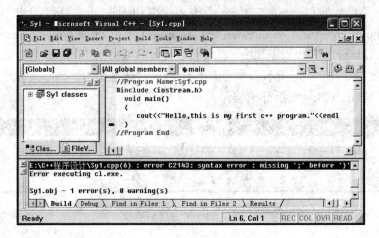

图 1-13　编译结果输出窗口（二）

2. 连接 Sy1.obj

编译成功后就得到了目标程序，此时就可以对程序进行连接了。

选择 Build 菜单下的 Build Sy1.exe 命令（或按 F7 键）。在输出窗口显示连接时的信息，没有发现错误，生成一个可执行文件 Sy1.exe，如图 1-14 所示。

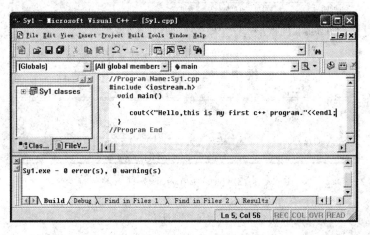

图 1-14　连接结果输出窗口

以上介绍的是分别进行程序的编译和连接，也可以选择 Build 菜单下的 Build 命令（或按 F7 键）一次完成编译与连接。对于初学者来说，还是提倡分布进行程序的编译和连接，因为程序出错的机会较多，最好等到上一步完全正确后才进行下一步。对于有经验的程序员来说，在对程序比较有把握时，可以一步完成编译与连接。

1.2.3　运行 Sy1.exe

选择 Build 菜单的 Execute Sy1.exe 命令（或按 Ctrl+F5 键），或单击工具栏上的按钮 ▮。图 1-15 就是该程序的运行结果。

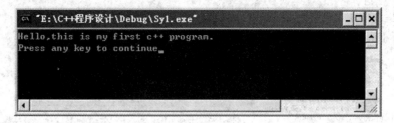

图 1-15 运行结果

在输出结果的窗口中第一行是程序的输出：

Hello,this is my first c++ program.

在第二行的 Press any key to continue 并非程序所指定的输出，而是 Visual C++在输出完运行结果后由 Visual C++ 6.0 系统自动加上的一行信息，通知用户"按任意键继续"。当按任意键后，输出窗口消失，回到 Visual C++的主窗口，可以继续对源程序进行修改补充或进行其他的操作。

完成对一个程序的操作后，选择 File 菜单的 Close Workspace 命令。关闭工作空间，以结束对该程序的操作。

1.3 建立和运行包含多个文件的程序

上面介绍的是最简单的情况，一个程序只包含一个源程序文件。如果一个程序包含多个源程序文件，则需要建立一个项目文件，在这个项目文件中包含多个文件（包括源文件和头文件）。项目文件存放在项目工作区中并在项目工作区的管理之下工作的，因此需要建立项目工作区，一个项目工作区可以包含一个以上的项目。在编译时，先分别对每个文件进行编译，然后将项目文件中文件连接程序为一个整体，再与系统的有关资源连接，生成一个可执行文件，最后执行这个文件。

例如，已经按上述的方法创建了两个源程序文件 f1.cpp 和 f2.cpp，其内容如下：

f1.cpp

```
#include<iostream>
using namespace std;
float max(float x,float y)
{
if(x>y)return x;
else return y;
}
```

f2.cpp

```
#include"iostream.h"
void main()
{
float x,y;float max(float,float);
cout<<"输入两个实数: "<<endl;
cin>>x>>y;
cout<<x<<"和"<<y<<"中的较大数为"<<max(x,y)<<endl;
}
```

下面通过一个例子说明创建项目及运行程序的过程。

（1）执行 File→New 菜单命令。打开 New 对话框，如图 1-16 所示。

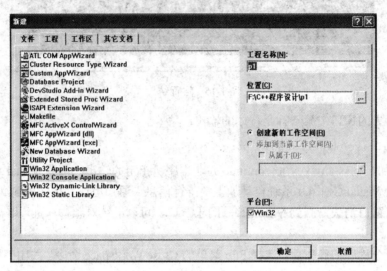

图 1-16　New 对话框

（2）选择 Project 标签，并从列表框中选择 win32 Console Application 项。

（3）在 Project 的编辑框中输入项目名称 P1 及其存放位置"F:\ C++程序设计\P1"。

（4）单击 OK 按钮，显示 Win32 应用程序向导对话框。第一步是询问项目类型，如图 1-17 所示。

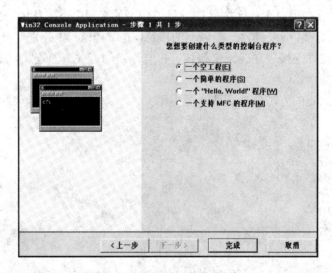

图 1-17　选择项目类型对话框

（5）选中 An empty project 项。单击 Finish 按钮，系统将显示向导创建的信息，单击 OK 按钮，显示如图 1-18 所示的 Visual C++主窗口，单击项目窗口的 File View 标签，窗口显示：工作区'P1':1 工程，说明系统已自动建立一个工作区，由于用户没有指定工作区名，系统就将项目文件名 P1 同时作为工作区名。

（6）将源程序文件放到项目文件中。方法：在 Visual C++窗口中一次选择 Project（工程）→ Add To Project（添加到项目中，在中文界面上显示为"添加工程"）→File 命令，如图 1-19 所示。

在选择 File 命令后，屏幕上出现 Insert into Project 对话框。在上部的列表框中按路径找到源文件 f1.cpp 和 f2.cpp（f1.cpp 和 f2.cpp 是按着上一节介绍的建立逐个源文件的方法事先建好的）所在的子目录，并选中 f1.cpp 和 f2.cpp 如图 1-20 所示，单击 OK 按钮，就把这两个文件添加到项目文件 P1 中了。

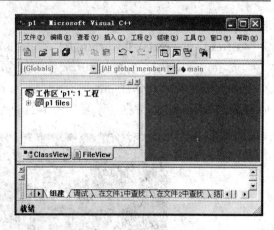

图 1-18　工作区是 P1 窗口

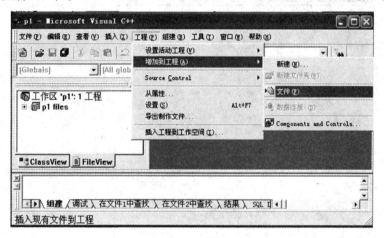

图 1-19　执行 Add To Project 命令窗口

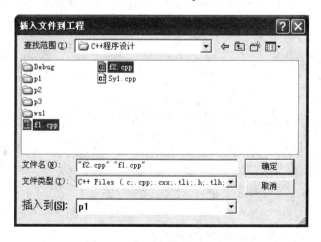

图 1-20　插入文件到工程窗口

（7）编译和连接项目文件。由于已经把 f1.cpp 和 f2.cpp 两个文件添加到项目文件 P1 中，因此只需对项目文件 P1 进行统一地编辑和连接。方法：选择菜单命令 Build→Build 命令或直接按快捷键 F7，系统开始对 P1 进行编译、连接，同时在输出窗口中观察出现的内容，当出现：

P1.exe - 0 error(s), 0 warning(s)

表示 P1.exe 执行文件已经正确无误地生成了。

（8）选择菜单命令 Build→Execute Sy1.exe 或直接按快捷键 Ctrl+F5，运行 P1.exe 程序，在运行时输入所需的数据，结果如图 1-21 所示。

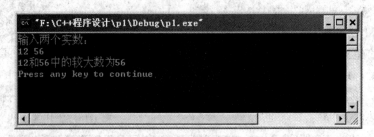

图 1-21　运行结果窗口

第二章 上机实验的指导思想和要求

要真正掌握计算机应用技术,不仅仅是了解和熟悉有关的理论和方法,还要求自己动手实现。对程序设计来说,要求会编程序并上机调试通过。因此上机调试程序不仅是得到正确程序的一种手段,而且它本身就是程序设计课程的一个重要内容和基本要求。

2.1 上机实验的目的

程序设计是一门实践性很强的课程,必须十分重视实践环节。许多实际的知识和编程的方法不是靠听课和看书就能学到手和掌握的,而是通过长时间的实践积累的。我们要提倡通过实践去学习并掌握知识的方法。这样就必须保证有足够的时间上机,学习本课程至少应该有 50~60 学时的上机时间,而一般院校本课的课内上机学时在 20~30 之间,所以要求学生要利用课余时间完成上机实践。

学习程序设计,上机实验的目的如下:

(1)加深对讲授内容的理解,尤其是一些语法规定,光靠课堂讲授,既枯燥无味又难以记住,但它们是很重要的,初学者的程序出错多数是在语法上,通过多次上机,就能自然地、熟练地掌握。通过上机来掌握语法规则是行之有效的方法。

(2)了解和熟悉 C++程序开发的环境。一个程序必须在一定的外部环境下才能运行,所谓"环境",就是指运行 C++程序的工作平台,也就是计算机系统所需要的硬件和软件条件。目前,C++程序的开发环境很多,比较流行的是 Visual C++ 6.0,本书的上机实验都是针对该环境介绍的,要了解和掌握 Visual C++的基本操作方法。

(3)学会上机调试程序。也就是善于发现程序中的错误,并且能很快地排除这些错误,使程序能正确运行。经验丰富的人,在编译连接过程中出现"出错信息"时,一般能很快地判断出错误所在,并改正之。而缺乏经验的人,即使在明确的"出错提示"下也往往找不出错误而求助于别人。调试程序固然可以借鉴他人的现成经验,但更重要的是通过自己的直接实践来积累经验,而且有些经验是只能"会意"难以"言传"。别人的经验不能代替自己的经验。调试程序的能力是每个程序设计人员应当掌握的一项基本功。因此,上机调试时要注意错误信息,积累调试程序的经验。

2.2 上机实验前的准备工作

在上机实验前应事先做好准备工作,以提高上机实验的效率,准备工作至少应包括:

(1)了解所用的计算机系统(包括 C++编译系统和工作平台)的性能和使用方法。

(2)复习和掌握与本实验有关的教学内容。

(3)准备好上机所需的程序。手编程序应书写整齐,并经人工检查无误后才能上机,以提高上机效率。初学者切忌不编程序或抄别人程序去上机,应从刚开始就养成严谨的工作作风。

（4）对运行中可能出现的问题事先作出估计，程序中自己有疑问的地方，应作出记号，以便在上机时给予注意。

（5）准备好调试和运行时所需要的数据，预估程序的运行结果。

2.3 上机实验的步骤

上机实验一人一组，独立上机。上机过程中出现的问题，除了系统的问题以外，一般应自己独立处理，不要轻易举手问教师。尤其对"出错信息"应善于自己分析判断，这是学习调试程序的良好机会。

上机实验一般应包括以下几个步骤：

（1）进入 C++工作环境（例如 Visual C++ 6.0）。

（2）输入自己所编好的程序。

（3）检查一遍已输入的程序是否有错（包括输入时敲错的和编程序中的错误），如发现有错，及时改正。

（4）进行编译、连接。如果编译和连接过程中发现错误，屏幕上会出现"出错信息"，根据提示找到出错位置和原因，并加以改正，再进行编译，如此反复，直到顺利通过编译和连接为止。

（5）运行程序并分析运行结果是否合理和正确。在运行时注意当输入不同数据时得到的结果是否正确。

（6）保存源程序和运行结果。

2.4 实 验 报 告

实验后，应整理出实验报告，实验报告应包括以下内容：

（1）实验名称、实验人班级、姓名、学号、实验时间。

（2）实验目的要求。

（3）程序流程图或必要的程序设计分析。

（4）调试通过的程序清单（包括适当的注释）。

（5）程序运行结果（必须是上面程序清单所对应打印输出的结果）。

（6）对运行情况所做的分析以及本次调试程序所取得的经验。如果程序未能通过，应分析其原因。

（7）总结（实验中的心得体会和对实验内容的建议等）。

第三章　基本结构的程序设计

实验一　顺序结构的程序设计

一．实验目的

1. 熟悉 Visual C++ 6.0 集成开发环境，达到熟练编辑、编译、连接、运行 C++程序的能力。

2. 掌握 C++语言数据类型，熟悉如何定义变量，以及对它们赋值的方法。

3. 学会使用 C++有关算术运算符，以及包含这些运算符的表达式。

4. 熟悉 C++程序的结构；初步掌握数据输入和输出，能正确调用 C++提供的数学库函数。

5. 掌握顺序结构程序的设计以及程序运行调试过程。

二．实验内容

1. 改错题（在错误处划横线并改正）

（1）以下程序功能是输出变量 x、y 之和，改正下列程序中的错误。

```
#include<stdio.h>
void mian();
{ int x=3,y=6;
  cout<<X+Y;
```

（2）以下程序功能是输入变量 c 的值，输出变量 a、b、c 之和，改正下列程序中的错误。

```
#include<iostream>
void main()
{ a=1,b=2;
  cout<<a+b+c
}
```

（3）以下程序功能是输入圆的半径 r，输出圆的面积 $area$，改正下列程序中的错误。

```
#include<stdio.h>
void main()
{ float r,π=3.14; int area;
  scanf("%5.2f",r);
  area = π × r × r ;
  printf("area=%d",area); }
```

（4）以下程序功能是输入三角形的三条边长，求三角形的面积，改正下列程序中的错误。

（$area=\sqrt{s(s-a)(s-b)(s-c)}$，其中，$s=\dfrac{a+b+c}{2}$ ）

```
#include<iostream.h>
void main()
{ int a,b,c,s; float area;
  cin>>a,b,c;
  s=(a+b+c)/2;
```

```
area=sqrt(s(s-a)(s-b)(s-c));
cout<<area; }
```

（5）改正下列程序中的错误。

```
#include<iostream.h>
void main()
{int i; float f; char c;
 i++;
 f=int(f%2);
 c="c";
 cout<<i,f,c; }
```

2．输入并运行下列程序

熟悉运行 C++程序的过程，掌握编译、连接和运行 C++程序的操作方法；分析运行结果，理解不同类型数据间的赋值规律。

（1）程序

```
#include<iostream.h>
void main()
{ float d=3.2; int x,y;
x=1.2; y=(x+3.8)/5.0;
cout<< d*y;
}
```

（2）程序

```
#include<iostream.h>
#include<iomanip.h>
void main()
{ double f,d; long l; int i;
 i=20/3; f=20/3; l=20/3; d=20/3;
 cout<<setiosflags(ios::fixed)<<setprecision(2);
 cout<<"i="<<i<<"l="<<l<<endl<<"f="<<f<<"d="<<d;
}
```

（3）程序

```
#include<iostream.h>
void main()
{ int a=1, b=2;
a=a+b; b=a-b; a=a-b;
cout<<a<<","<<b;}
```

（4）程序

```
#include<iostream.h>
void main()
{
int  i,j,m,n;
i=8;
j=10;
m=++i;
n=j++;
cout<<i<<","<<j<<","<<m<<","<<n<<endl;
}
```

（5）程序

```
#include"iostream.h"
void main()
{char c1,c2;
 int a,b;
 cin>>a>>b;
 c1=++a;c2=b++;
 cout<<"c1="<<c1<<"c2="<<c2<<"\n";
}
```

运行时分别输入以下数据，分析运行结果，进一步掌握不同类型数据间的赋值规律。

1）97 97 ↵
2）97 353 ↵
3）40 64 ↵
4）-212 -216 ↵

3. 按要求编写下列程序，并上机调试运行

（1）要将 China 译成密码，密码规律：用原来的字母后面第 4 个字母代替原来的字母。例如，字母 A 后面第 4 个字母是 E，用 E 代替 A。因此，China 应译为 Glmre。请编一段程序，用赋初值的方法使 c1、c2、c3、c4、c5 五个变量的值分别为 C、h、i、n、a，经过运算，使 c1，c2，c3，c4，c5 的值分别变为 G、l、m、r、e，并输出。

1）按题意编好程序，并运行该程序，分析运行结果是否符合要求。

2）改变 c1、c2、c3、c4、c5 的初值为 T，o，d，a，y，对译码规律作如下补充：W 用 A 代替，X 用 B 代替，Y 用 C 代替，Z 用 D 代替。修改程序并运行。

3）将译码规律改为：当一个字母被它前面第 4 个字母代替时，例如 E 用 A 代替，Z 用 V 代替，D 用 Z 代替，C 用 Y 代替，B 用 X 代替，A 用 W 代替。修改程序并运行。

（2）若 $a=3$，$b=4$，$c=5$，$x=1.2$，$y=2.4$，$z=-3.6$，$u=51\ 274$，$n=128\ 765$，$c1='a'$，$c2='b'$，想得到以下的输出格式和结果，请写出程序（包括定义变量类型和设计输出）。要求输出的结果如下：

```
a=3  b=4  c=5
x=1.200 000, y=2.400 000, z=-3.600 000
x+y= 3.60  y+z=-1.20  z+x=-2.4
u= 51 274  n=128 765
c1=a or 97(ASCII)
c2=b or 98(ASCII)
```

（3）设圆半径 $r=1.5$，圆柱高 $h=3$，求圆周长、圆面积、圆球表面积、圆柱体积。用 cin 输入数据，输出计算结果，输出时要求有文字说明，取小数点后 2 位数字。请编写程序。

（4）输入一个华氏温度，要求输出摄氏温度。公式为

$$c=5/9*(F-32)$$

输出要有文字说明，保留 2 位小数。

（5）输入两个整数，将它们交换后输出。

（6）输入三角形的三条边长，求三角形的面积。已知三角形三条边为 a、b、c，$s=1/2(a+b+c)$，计算三角形面积的公式为

$$area = \sqrt{s \times (s-a) \times (s-b) \times (s-c)}$$

（7）将键盘输入的大写字母以小写输出。小写字母与大写字母的 ASCII 码值之差是 32，如：'a'='A'+32。

（8）古代数学问题"鸡兔同笼"。鸡与兔共 a 只，鸡与兔的总脚数为 b，则鸡兔各多少只？

（9）已知某位学生的数学、英语和计算机课程的成绩分别是 97 分、82 分和 94 分，求该生 3 门课程的平均分。

输入/输出示例

```
math=97,eng=82,comp=94
average=91
```

注意：读者运行自己编写或修改的程序所得到的结果，应该与题目中给出的输入输出示例完全一致，包括输入输出格式。

（10）当 n 是 153 时，分别求出 n 的个位数字（g）、十位数字（s）和百位数字（b）的值。

输入/输出示例

整数 153 的个位数字是 3，十位数字是 5，百位数字是 1。

提示：n 个位上的数字 g 的值是 $n\%10$，十位数字 s 的值是（$n/10\%10$），百位数字 b 的值是 $n/100$。

思考：如果 n 是一个四位数，如何求出它的每一位数字？

（11）输入一个四位数，将其加密后输出。方法是将该数每一位的数字加 9，然后除以 10 取余作为该位上的新数字，最后将千位上的数字和 10 位上的数字互换，组成加密后的新四位数。

输入/输出示例

```
Input a number: 1368
The encrypted number is: 4207
```

（12）输入两个整数 num1 和 num2，计算并输出它们的和、差、积、商与余数。

输入/输出示例

```
Input a num1: 7
Input a num2: 4
7 + 4=11
7 - 4=3
7 * 4=28
7 / 4=1
7 % 4=3
```

思考：如果 num1 和 num2 是双精度浮点型数据，如何修改程序？题目的要求都能达到吗？

实验二　选择结构程序设计

一．实验目的

1．熟练掌握关系表达式和逻辑表达式的使用。

2．掌握选择结构程序的编写和调试方法。

3．理解 if 语句三种形式的执行过程以及 switch 语句的执行过程。

4．熟练掌握用嵌套的 if 和 switch 语句实现选择结构的程序设计。

5．熟练掌握 switch 语句中 break 语句的作用。

6．掌握简单的单步调试程序的方法。

二．实验内容

1．改错题（在错误处划横线并改正）

（1）以下程序的功能是输出两个数中的较大数，改正下列程序中的错误。

```
#include<iostream.h>
void main()
{int a,b;
 cin>>a>>b;
 if(a=b); cout<<"a,b 相等";cout<<a;
 else if(a<>b) cout<<"a,b 不相等，较大的数为";
     if(a>b) cout<<"a，值为："<<a;
     else cout<<"b，值为："<<b; }
```

（2）以下程序的功能是输入 x 的值，根据公式计算 y 的值并输出，改正下列程序中的错误。

$$y = \begin{cases} \sin x + 1 & (x < 0) \\ x^2 + \dfrac{3}{x} & (0 \leq x < 10) \\ \sqrt{x+4} & (x \geq 10) \end{cases}$$

```
#include<iostream.h>
void main()
{int x,y;
 cin>>x;
 if(x<0) y=sinx+1;
 if(0<=x<10) y=pow(x,2)+3/x;
 if(x>=10) y=sqrt(x+4);
 cout<<y;
}
```

（3）以下程序的功能是给出一个百分制成绩，输出成绩等级 A、B、C、D、E，90 分以上为 A，80～89 分为 B，70～79 分为 C，60～69 分为 D，60 分以下为 E，改正下列程序中的错误。

```
#include<iostream.h>
void main()
{float cj; char grade;
 printf("Please enter a score:");
 scanf("%f",&cj);
 switch(cj)
   {
     case cj>=90&&cj<=100:  grade = 'A';
     case cj>=80&&cj<=89:   grade = 'B';
     case cj>=70&&cj<=79:   grade = 'C';
```

```
        case cj>=60&&cj<=69:   grade = 'D';
        default:   grade = 'E';
     }
   printf("The grade of score is: %c.\n",grade);
}
```

（4）以下程序的功能是输入一个字符，判断其是否为大写字母、小写字母、数字字符，如果是大写字母则转换为小写字母，如果是小写字母则转换为大写字母，如果是数字字符则转换为 ASCII 码值等于该数字的字符，如果都不是则转换为空格字符，改正下列程序中的错误。

```
#include<iostream.h>
void main()
{char ch;
 cin>>ch;
 if(ch>=a && ch<=z) ch = ch + 32;
 else if(ch>=A && ch<=Z) ch = ch - 32;
 else if(ch>=0 && ch<=9) ch = ch;
 else ch = '';
 cout<<ch; }
```

（5）以下程序的功能是按"年－月－日"的格式输入日期，判断这个日期是否有效，例如："2008-4-31"、"2010-2-29"、"2010-13-1"都是无效日期，改正下列程序中的错误。

```
#include<stdio.h>
void main()
{int day,month,year,leap=0,error=0;
 printf("please input year-month-day:\n");
 scanf("%d,%d,%d",&year,&month,&day);
 if(year%400==0||(year%4==0&&year%100!=0))  leap=1;
 switch(month)
{case 1:if(day>31) error=1;break;
 case 2: if(leap)
        if(day>29) error=1;
    else
        if(day>28) error=1;
    break;
 case 3:if(day>31) error=1;break;
 case 4:if(day>30) error=1;break;
 case 5:if(day>31) error=1;break;
 case 6:if(day>30) error=1;break;
 case 7:if(day>31) error=1;break;
 case 8:if(day>31) error=1;break;
 case 9:if(day>30) error=1;break;
 case 10:if(day>31) error=1;break;
 case 11:if(day>30) error=1;break;
 case 12:if(day>31) error=1;break;
 default:error=1;break;
}
 if(error) printf("It is the correct date.");
 else printf("It is the wrong date.");
}
```

2. 输入并运行下列程序，分析运行结果，进一步理解逻辑运算和 if 语句的执行过程

（1）程序

```cpp
#include<iostream.h>
void main()
{ int  a,b,c=246;
    a=c/100%9;
    b=(-1)&&(-1);
    cout<<a<<","<<b;
}
```

（2）程序

```cpp
#include<iostream.h>
void main()
{ int m=5;
  if(m++>5)
    cout<<m;
  else
    cout<<m--;
}
```

（3）程序

```cpp
#include<iostream.h>
void main()
{int a=1,b=3,c=5,d=4,x;
  if(a<b)
    if(c<d) x=1;
    else
        if(a<c)
            if(b<d)  x=2;
            else x=3;
        else x=6;
  else x=7;
  cout<<"x="<<x;
  }
}
```

（4）程序

```cpp
#include <iostream.h>
void main()
{
  int c=3,k=1;
  switch(k)
  {
   default:c+=k;
   case 2:c++;break;
   case 4:c+=2;break;
  }
  cout<<c;
}
```

3. 按要求编写下列程序，并上机调试运行

（1）输入一个整数，判断它的奇偶性后输出结果。

（2）判断一个数能否被 3 整除，若能被 3 整除，计算该数的立方，并打印 yes，否则，计算该数的平方，并打印 no。

输入/输出示例（运行 2 次）

第一次运行：

```
Input a num: 9
728 yes
```

第二次运行：

```
Input a num: 5
25 no
```

注意：在运行结果中，凡是加下划线的内容，表示用户输入的数据，每行的最后以"↵"结束，其余内容都为输出结果。在本书的所有实验题目中，都遵循这一规定。

（3）编程求一元二次方程式：$ax^2 + bx + c = 0$ 的根。对应判别式 $b^2 - 4ac$ 的值大于 0，计算输出两个不等的实根；若其小于 0，计算输出两个复数根；若其等于零计算不出两个相等的实根。

（4）有一个函数

$$y = \begin{cases} x^2 - 1 & (x < 1) \\ 2x - 1 & (1 \leqslant x < 10) \\ 3x - 11 & (x \geqslant 10) \end{cases}$$

写一个程序，输入 x 和 y 的值。

输入/输出示例（运行 3 次）

第一次运行：

```
Enter x: 0
y=-1
```

第二次运行：

```
Enter x: 3
y=5
```

第三次运行：

```
Enter x: 10
y=19
```

（5）有 3 个数 a、b、c，由键盘输入，输出其中的最大数。

输入/输出示例（运行 3 次）

第一次运行：

```
Input a, b, c: 1 3 5
max=5
```

第二次运行：

```
Input a, b, c: 6 3 5
```

```
max=6
```

第三次运行：

```
Input a, b, c: 1 8 5
max=8
```

（6）给定一个不多于5位的正整数，要求：①求它是几位数；②分别打印出每一位数字；③按逆序打印出各位数字。例如：原数为321，应输出123。

（7）输入五级制成绩（A~E），输出相应的百分制成绩（0~100）区间，要求用 switch 语句。五级制对应的百分制成绩区间为：A（90~100）、B（80~89）、C（70~79）、D（60~69）和 E（0~59）。

输入/输出示例

```
Input Grade: A
```

A 对应的百分制区间是90~100。

提示：程序应运行6次，每次测试一种情况，即分别输入 A、B、C、D、E 和其他字符。

（8）输入三角形的三条边 a、b、c，如果能构成一个三角形，求三角形面积 *area* 和周长 *perimeter*（保留2位小数）；否则，输出"这些边上不能构成三角形。"

在一个三角形中，任意两边之和大于第三边。计算三角形面积的公式为

$$area = \sqrt{s \times (s-a) \times (s-b) \times (s-c)}$$

其中，$s=1/2(a+b+c)$。

（9）编写程序，输入一个数，判断其是否是3或7的倍数，可分4种情况输出。

①是3的倍数，但不是7的倍数。

②不是3的倍数，但是7的倍数。

③是3的倍数，也是7的倍数。

④既是3的倍数，也不是7的倍数。

（10）输入月薪 *salary*，输出应交的个人所得税 *tax*（保留2位小数）。计算公式：

$$tax = rate * (salary - 850)$$

其中，*rate* 是税率，与收入有关：

当 *salary*≤850 时，*rate*=0；

当 850< *salary*≤1350 时，*rate* = 5%；

当 1350< *salary*≤2850 时，*rate* = 10%；

当 2850< *salary* ≤5850 时，*rate* = 15%；

当 5850< *salary* 时，*rate* = 20%。

输入/输出示例（运行5次）

第一次运行：

```
Input salary: 2000.5
tax=115.50
```

第二次运行：

```
Input salary: 35875
```

```
tax=7005.00
```

第三次运行：

```
Input salary: 1022
tax=8.60
```

第四次运行：

```
Input salary: 3210
tax=354.00
```

第五次运行：

```
Input salary: 555
tax=0.00
```

实验三　循环结构程序的设计

一．实验目的

1．熟练使用 for、while 和 do…while 语句实现循环程序设计。

2．理解循环条件和循环体，以及 for、while 和 do…while 语句的相同及不同之处。

3．熟练掌握 break 和 continue 语句的使用。

4．掌握使用 Debuge 菜单调试程序的方法。

二．实验内容

1．改错题（在错误处划横线并改正）

（1）以下程序的功能是求数列 $sum = 1 - \dfrac{1}{2} + \dfrac{1}{3} - \dfrac{1}{4} \cdots + \dfrac{(-1)^{n+1}}{n}$，其中 n 由键盘输入，改正下列程序中的错误。

```
#include<iostream.h>
void main()
{int i,n,flag=1,sum;
 for(i=1;i<n;i++);
  { flag = -flag;
   sum = sum + 1/i*flag;}
 cout<<sum;
}
```

（2）以下程序的功能是输入一行字符，以字符 0 作为结束标志，输出这行字符对应的 ASCII 码值的累加和，改正下列程序中的错误。

```
#include "stdio.h"
void main()
{
 char c; int sum;
 while((c=putchar()!='\0'));
 sum=sum+c;
 printf("%f",sum);
```

（3）以下程序的功能是输出 1000 以内所有的"完数"，改正下列程序中的错误。

```
#include "iostream.h"
void main()
{int m,s=0,j;
 for(m=1,m<=1000,m++)
   {for(j=1;j<=m;j++)
      if(m%j)  s+=j;
    if(s=m)cout<<m<<"\n";
   }
}
```

（4）以下程序的功能是在一个正整数的各位数字中找出最大的数字，例如：1243 中最大的数字是 4，改正下列程序中的错误。

```
#include < stdio.h>
void main()
{int n,max=9,t;
 scanf("%d",n);
 do
 {  t=n%10;
    if(max<t) max=t;
    n/=10; }
 while(!n)
 printf("max=%d",t);
}
```

（5）以下程序的功能是求 m 到 n 之间素数的个数及其平均值，改正下列程序中的错误。

```
#include<iostream.h>
void main()
{int i,k,sum=0,m,n,t,gs=0;
 cin>>m>>n;
 if(m>n)  t=m;m=n;n=t;
 for(k=m;k<=n;k++)
 {
  for(i=1;i<k;i++)
   if(k%i==0)  continue;
  if(k==i)
    {sum=sum+k;gs++; }
 }
cout<<"共有"<<gs<<"个素数\n";
cout<<"平均值为: "<<sum/gs;
}
```

2.　填空题（在空白处填入适当内容，将程序补充完整，并上机调试）

（1）下列程序是求 n 的阶乘。请在横线上填入所编写的若干表达式或语句，然后上机调试。

```
#include"iostream.h"
void main()
{int n,i;float s;
   1 ;
 cin>>n;
```

```
for(__2__;__3__;__4__;)
    __5__;
cout<<n<<"!="<<s<<endl;
}
```

（2）下面程序的功能：计算并输出 n（包括 n）以内能被 3 或 7 整除的所有自然数的倒数之和。

```
#include"iostream.h"
void main()
{int n,i;
 double sum;
 __1__;
 cin>>n;
 for(i=1;__2__;i++)
    if(i%3==0 __3__ i%7==0)
    sum+=__4__/i;
cout<<"sum="<<sum<<endl;
}
```

（3）给定程序的功能：计算并输出下列记述的前 N 项之和 S_N，直到 S_N 大于 q 为止，q 的值由键盘输入。

$$S_N = \frac{2}{1} + \frac{3}{2} + \frac{4}{3} + \cdots + \frac{N+1}{N}$$

例如，若 q 的值为 59.0，则 S_N 的值为 50.4167。

```
#include"iostream.h"
void main()
{int n,q;
 double s;
 __1__;
 cin>>q;
 s=2.0;
 while(s __2__ )
 {
    s=s+(double)(n+1)/n;
    __3__;
 }
 cout<<"s="<<s<<endl;
}
```

（4）给定程序的功能：输出能整除 x 且不是偶数的各整数，统计其个数、计算符合要求的整数之和，并且输出。x 由键盘输入。

```
#include"iostream.h"
void main()
{int x,i,j,sum=0;
 __1__;
 cin>>x;
 for(i=1;i<=x;i++)
  if(x%i= =0)
   if(__2__)
```

```
{cout<<i<<" ";
  j++;
   3  ;
}
cout<<endl<<"个数为: "<<j<<"其和为: "<<sum<<endl;
}
```

（5）程序的功能：统计所有小于等于 $n(n>2)$ 的素数的个数。n 从键盘输入。

```
#include"iostream.h"
void main()
{int i,j,n,count=0;
  1  ;
for(i=2;i<=n;i++)
{
  for( 2 ; j<i;j++)
   if( 3 %j= =0)
      break;
 if( 4 >=i)
{ count++;
    cout<<i<<" ";
}
  5
cout<<endl<<count<<endl;
}
```

（6）程序的功能：求不超过给定自然数 n 的各偶数之和。n 从键盘输入。

```
#include"iostream.h"
void main()
{int i,n,sum;
  1  ;
cin>>n;
for(i=2; 2 ; i=i+2)
{
  sum=sum+i;
}
  cout<<sum<<endl;
}
```

（7）程序功能：找出满足个位数字和百位数字之和等于其十位上的数字条件的所有 3 位数，并统计其个数。

```
#include"iostream.h"
void main()
{int n,g,b,s,count=0;
for(n=100; 1 ; n++)
{
    g=n%10;
    s=n/10%10;
    b= 2 ;
      if( 3 )
      { count++;
```

```
        cout<<n<<" ";
        if(count%5==0)
              cout<<endl;
    }
    ___4___
        cout<<endl<<count<<endl;
}
```

思考：如果程序功能是找出个位数字和百位数字相等的所有 3 位数，则如何修改上述程序？

（8）程序功能：计算并输出下列多项式的值。

$$S = 1 + \frac{1}{1+2} + \frac{1}{1+2+3} + \cdots + \frac{1}{1+2+3+\cdots+n}$$

键盘输入 n 的值，如果 $n=50$，则输出为 $S=1.960\,785$。

```
#include"iostream.h"
#include"iomanip.h"
void main()
{int n,i,j;
 float a,S=0;
 cin>>n;
 for(i=1;i<=n;i++)
 {___1___;
  for(j=1; ___2___ ; j++)
    a+=___3___;
  S=S+___4___;
 }
cout<<setiosflags(ios::fixed)<<setprecision(6);
cout<<S<<endl;
}
```

（9）程序的功能：计算两个自然数 n 和 m（$m<10000$）之间所有数的和。n 和 m 从键盘输入。

例如，当 $n=1$，$m=100$ 时，$sum=5050$，当 $n=100$，$m=1000$ 时，$sum=495\,550$。

```
#include"iostream.h"
void main()
{int n,m;
 long sum;
 ___1___ ;
 cin>>n>>m;
 while(n<=m)
 {___2___ ;
  n++;
 }
cout<<"sum="<<sum<<endl;
}
```

思考：如果计算两个自然数 n 和 m（$m<10000$）之间所有素数（或偶数）的和，如何修改上述程序？

（10）程序的功能：求 $1+2!+3!+\cdots+N!$ 的和。

例如，1+2!+3!+4!+5!=153。

```cpp
#include"iostream.h"
void main()
{int n,i;
 long sum=0,t=1;
 cin>> 1 ;
 for(i=1;i<=n;i++)
 {t= 2 ;
  sum= 3 ;
 }
 cout<<"sum="<<sum<<endl;
}
```

思考：如果求 1+3！+5！+7！+…(N+1)!的和（N 为偶数），如何修改上述程序？

（11）程序的功能：打印出 1～1000 中满足个位数字的立方等于其本身的所有数。本题的结果为 1　64　125　216　729。

```cpp
#include"iostream.h"
void main()
{int n,g;
 for(n=1;n<=1000;n++)
 {g= 1 ;
  if( 2 )
     cout<<n<<"  ";
 }
}
```

（12）程序的功能：求 1～100（不包括 100）以内所有素数的平均值。

```cpp
#include"iostream.h"
void main()
{int num,k,leap,g;
 float sum,aver;
 g=0;sum=0.0;
 for(num=2;num<100;num++)
 { 1 ;
  for(k=2;k<num;k++)
      if( 2 ==0)
      {leap=0;
      break;}
  if( 3 )
    {sum=sum+num;
      g++;}
 }
 4 ;
 cout<<"sum="<<sum<<endl;
 cout<<"g="<<g;
 cout<<"aver="<<aver<<endl;
}
```

3. 按要求编写下列程序，并上机调试运行

（1）输入两个正整数 m 和 n，编写程序求其最大公约数和最小公倍数。输出格式自定义。

（2）读入一批正数（以零或负数为结束标志），求其中的偶数和。请使用 while 语句实现循环。

输入/输出示例

```
Input integers: 1 4 6 7 19 0
The sum of the even numbers is: 10
```

（3）输入一个整数，求它的位数。例如，1234 的位数是 4。请使用 do-while 语句实现循环。

输入/输出示例

```
Input an integer: 14562
位数是: 5
```

修改程序，计算并输出各位数字之和。例如：

输入/输出示例

```
Input an integer: 14562
位数是: 5, sum=18
```

（4）输入一个正整数 n，再输入 n 个整数，输出最小值。

输入/输出示例（运行 3 次）

第一次运行：

```
Input n: 5
Input numbers: -1 3 5 2 -23
min=-23
```

第二次运行：

```
Input n: 5
Input number: 1 3 -4 3 5
min=-4
```

第三次运行：

```
Input n: 6
Input number: -97 4 5 1 -5 3
min=-97
```

（5）输入一个正实数 e，计算并输出下式的值，精确到最后一项的绝对值小于 e（保留 6 位小数）。请使用 while 语句实现循环。

$$s = \frac{1}{1} - \frac{1}{5} + \frac{1}{9} - \frac{1}{13} + \frac{1}{17} - \frac{1}{21} + \cdots$$

输入/输出示例

```
Input e: 1E-4
s=0.866923
```

（6）有一个分数序列

$$\frac{2}{1}, \frac{3}{2}, \frac{5}{3}, \frac{8}{5}, \frac{13}{8}, \frac{21}{13} \cdots$$

求出这个数列的前 n 项之和，保留 2 位小数，n 从键盘输入（该数列从第二项起，每一项的分子是前一项的分子、分母之和，分母是前一项的分子）。

输入/输出示例

```
Input n: 20
sum=32.66
```

（7）一个球从 *height* 米高度自由落下，每一次落地后反弹回原高度的一半，再落下再反弹，如此反复。皮球在第 *n* 次落地时，共经过多少米？第 *n* 次反弹多高？

输入/输出示例（运行 2 次）

第一次运行：

```
Input height:10
Input n:2
```

共经过的距离是：20.000 000 米

第 2 次反弹的高度是：2.500 000 米

第二次运行：

```
Input height:100
Input n:10
```

共经过的距离是：299.609 375 米

第 10 次反弹的高度是：0.097 656 米

（8）输入两个正整数 *a* 和 *n*，求 $a + aa + aaa + aaaa + \cdots + aaa\cdots a$（*n* 个 *a*）之和。例如，输入 2 和 3，则求 2+22+222=246。

输入/输出示例

```
Input a, n: 8  5
sum=98760
```

（9）输入一个正整数 *n*，用两种方法分别计算下式的和（保留 3 位小数）。

$$s = 1 + \frac{1}{1!} + \frac{1}{2!} + \frac{1}{3!} + \cdots + \frac{1}{n!}$$

1）使用一重循环。

2）使用嵌套循环。

（10）输入两个正整数 *m* 和 *n*（*m*≥1，*n*≤500），输出 *m* 和 *n* 之间的所有素数，每行输出 5 个。素数是指只能被 1 和它本身整除的正整数，最小的素数是 2。

输入/输出示例

```
Input m: 1
Input n: 50
2  3  5  7  11
13  17  19  23  29
31  37  41  43  47
```

（11）打印出所有的"水仙花数"。所谓"水仙花数"是指一个 3 位数，其各位数字的立方和等于该数本身。例如，153 是一个"水仙花数"，因为 $153 = 1^3 + 5^3 + 3^3$。要求使用两种方法编程。

1）使用一重循环。

2）使用嵌套循环。

输入/输出示例

```
153  370  371  407
```

（12）一个数恰好等于它的因子之和，这个数就称为"完数"。例如，6 的因子为 1、2、3，而 6=1+2+3，因此 6 是"完数"。编写程序找出 1000 以内的所有"完数"。

输入/输出示例

```
6  28  496
```

修改程序，使程序的运行结果如下所示。

```
6 its factors are 1,2,3,
28 its factors are 1,2,4,7,14,
496 its factors are 1,2,4,8,16,31,62,124,248,
```

（13）求 1 到 n 之间素数的倒数之和，即 $1/2+1/3+1/5+1/7+\cdots+1/n$，其中分母为素数。

（14）验证哥德巴赫猜想，任何一个大于 6 的偶数均可表示为 2 个素数之和。例如，$6 = 3 + 3$，$8 = 3 + 5$，$\cdots$，$18 = 5 + 13$。要求将 6～100 之间的偶数都表示为 2 个素数之和，要求每行输出 5 组。

（15）有 3 个不同的数字（其中没有零），用它们可能组合的所有各个 3 位数的和都是 2886。如果把这 3 个数从大到小和从小到大依次排列成两个 3 位数，其差是 495。请求出这三个数字各是什么？

算法分析：设这三个数字分别为 a、b、c，由题意可知：

1）$a*100+b*10+c+a*100+c*10+b+b*100+a*10+c+b*100+c*10+a+c*100+a*10+b+c*100+b*10+a=2886 \rightarrow 222*(a+b+c) = 2886$。

2）$99*(a-c) = 495 \rightarrow a-c = 5$。

3）a、b、c 的取值范围均是从 1～9。可以用三重循环实现。

输入/输出示例

```
6  6  1
7  4  2
8  2  3
```

（16）"百钱买百鸡问题"。公鸡每只 5 元，母鸡每只 3 元，小鸡每 3 只 1 元。用 100 元钱买 100 只鸡，问公鸡、母鸡、小鸡各买多少只？

输入/输出示例

```
COOK     HEN      CHICK
 0       25        75
 4       18        78
 8       11        81
12        4        84
```

（17）输入一个正整数 n 和任意数 x，计算 $S=1+x-\dfrac{x^2}{2!}+\dfrac{x^3}{3!}-\cdots+(-1)^{n+1}\dfrac{x^n}{n!}$ 的值（保留 4 位小数）。

输入/输出示例

```
Input n: 5
Input n: 0.5
s=1.3935
```

（18）将一笔钱（大于 8 分，小于 1 元，精确到分）换算成 1 分、2 分和 5 分的硬币组合。输入金额，问有几种换算方法？针对每一种换算方法，输出各种面额的硬币数量，要求每种硬币至少有一枚。

输入/输出示例

```
Input n: 10
```

1分：1 枚　2 分：2 枚　5 分：1 枚

1分：3 枚　2 分：1 枚　5 分：1 枚

10 分有 2 种换算方法

```
Press any key to continue
```

（19）迭代法求解 $x^3+2x^2+2x+1=0$ 的根。

算法分析：

1）从 $f(x)=0$，导出 $x=g(x)$ 形式。

2）给 x 初值 x_0。

3）代入 $g(x)$，得 $x_1=g(x_0)$ 。

4）令 $x_0=x_1$，转去 3）执行，直到 $|x_{n+1}-x_n|<10^{-6}$。

得到 x 的近似根，若函数不收敛，将出现无休止迭代，此时应规定最高循环次数。

例如，从 $x^3+2x^2+2x+1=0$ 中得到 $x=(-x^3-2x^2-1)/2$

设 $x_0=0.5$（x 的初值）可以得到 $x_1=(-x_0^3-2x_0^2-1)/2$，如果 $|x_0-x_1|<10^{-6}$，令 $x_0=x_1$，再求 x_1 直到满足要求为止。编写程序求方程的根（保留 2 位小数）。

输入/输出示例（括号中是说明）

```
Input x0: 0.5（输入 x 的初值）
x=1.00  count=20（迭代次数为 20）
```

（20）用迭代法求 $x=\sqrt{a}$ 。求平方根的迭代公式为

$$x_{n+1}=\frac{1}{2}\left(x_n+\frac{a}{x_x}\right)$$

要求前后两次求出的 x 的值差的绝对值小于 10^{-5}。

在运行时输入不同的数值给变量 a，分析所得结果是否正确。如果输入的值为一个负数，在运行时会出现什么情况？修改程序使之能处理任何 a 的值。

输入/输出示例（括号中是说明）

```
Input a: 2
Input x0: 2（输入 x 初值）
x=1.5, x=1.41667, x=1.41422, x=1.41421,（中间结果）
x=1.41421 （最后结果）
Press any key to continue
```

（21）编写程序输出下列图案。

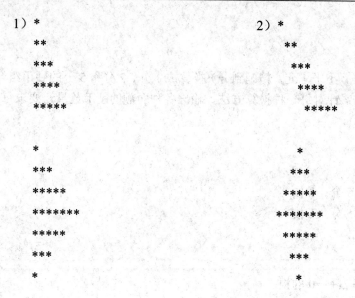

```
1) *                              2) *
   **                                **
   ***                               ***
   ****                              ****
   *****                             *****


   *                                 *
   ***                               ***
   *****                             *****
   *******                           *******
   *****                             *****
   ***                               ***
   *                                 *
```

程序调试——语法错误处理

人在工作的时候时常会犯错误，程序设计人员也不例外，不管是初学者还是熟练的程序员，在编程过程中都不可避免地会出现各种各样的错误。

程序设计总的错误通常分为三类：语法错误、运行错误和算法（逻辑）错误。

语法错误也称为编译错误，这类错误是由于编程人员没有遵守各种程序设计语言的语法规定而产生的。通常，多数的语法错误会在程序进行编译的时候，被编译系统发现并给出提示。可以看到，编译过程同时也是一个检查语法错误的过程，在程序编译过程中，只有将所有的语法错误全部改正后，程序才能够被执行。一般说来，当用户熟练掌握一种程序设计语言后，这类错误比较容易发现和纠正。

一、语法错误的避免

1. 熟记所用程序设计语言语法规则以及各种语句的使用格式

C++语言的格式与其他编程语言相比，相对约束较松，但必要的格式约束是高质量程序的保证，这就需要大家对所学过的各类语句格式胸有成竹。这样，在使用的时候，就会得心应手，少出错误。比如：在每一条语句的后面都要以分号结尾，流程控制的条件应放在一对小括号中等。

小贴士：语名和命令的区别

在 C++程序中，主要由函数、语句和命令来构成，命令通常位于函数之外，用来实现文件包含、宏定义、外部函数的声明等功能，命令后不允许使用分号";"结尾。函数用来实现软件的部分功能，通常可以位于表达式中，也可单独作为一条语句进行调用。语句主要完成变量定义、流程控制以及函数调用，在每条语句的后面必须使用分号结尾。

2. 注意 IDE 的提示

在 Visual C++ 6.0 等集成开发环境中，会用不同的文字颜色来区分不同的内容，比如关键字会自动标示为蓝色，根据文字的颜色，可以辅助检查我们的关键字是否有错。Visual C++ IDE 还具有智能提示的功能，可以根据编程者的输入，自动出现成员、函数参数等的提示，这有助于程序员正确地完成代码，减少出错的机会。

3. 使用良好的程序书写风格

（1）输入程序时认真仔细，避免错误。例如，初学者有时候会将 main( )错误地输入为 mian( )，这类错误似是而非，导致查找错误时常常被忽视。

（2）分行书写。虽然 C++程序允许在一行上书写多条语句，但是，在一行上书写多条语句，不仅会影响程序的可读性，而且在编译时，如果某条语句出现语法错误，程序员无法确定具体是一行中的哪条语句有问题。因此，建议在书写程序时，一行代码只做一件事情，如只定义一个变量，或只写一条语句，这样的代码容易阅读，并且便于添加注释。

（3）层进版式。版式虽然不会影响程序的功能，但会影响其可读性。程序的版式追求清晰、美观，是程序风格的重要构成因素。良好的版式能使程序结构一目了然，使程序中的错误更容易被发现。

人们常用的版式是层进版式：逻辑上属于同一个层次的程序段互相对齐；逻辑上属于内部层次的推到下一个对齐位置，我们对比看以下两段程序：

程序段 1

```
#include<iostream.h>
void main()
{ int i,j,count;
for(i=2;i<100;i++)
{ count=0;
for(j=1;j<=i;j++)
if(i%j==0)count++;
if(count==2)cout<<i<<" ";}}
```

程序段 2

```
#include<iostream.h>
void main()
{
    int i,i,count;
    for(i=2;i<100;i++)
    {
        count=0;
        for(j=1;j<=i;j++)
            if(i%j==0)  count++;
        if(count==2) cout<<i<<" ";
    }
}
```

两个程序在语句上没有任何区别，但是在程序可读性上的差别就不言而喻了。

利用集成开发环境（IDE）或者其他程序编辑器的功能，可以很方便地维护好程序的良好格式。Visual C++ 6.0 环境具备这样的能力，只要按照一行只做一件事的原则，即可保证程序的良好版式。

🔍 **小贴士：修正程序版式**

如果程序版式混乱，怎样去修正呢？一行一行地进行调整当然可以，但这是一个笨办法，在 Visual C++ 6.0 中，可以通过以下方法来整理程序的版式。选中需要整理的程序段，按快捷键 Alt+F8 就可以快速将选中的程序段整理好。版式根本没发生变化？其实这个功能有点像 Word 中的格式刷，在选中的程序段中必须有版式存在才可以产生效果，所以，应该首先在程序中使用 Enter 键进行换行，保证所有的"{"、"}"都独占一行，这时候再来尝试使用 Alt+F8 就可以了。

（4）添加注释。在书写 Visual C ++程序时，适当地添加注释也可以增强程序的可读性，注释通常用来说明程序中所使用变量的含义、程序段的功能、实现算法、函数的接口等。注意，注释不是文档，而是代码的提示，应该适度使用。多行注释可以使用"/*……*/"，单行注释可以在行首使用"//"。

二、语法错误的排除

1. 语法错误定位

多数语法错误都可以被编译程序发现，比如语句后面缺少分号、左右花括号不配对、函数调用参数个数、类型不匹配等，当编译程序发现程序的语法或词法有问题时，会在输出区窗口中给出错误提示，并指明错误的位置。这些信息包括错误的性质、错误所在的位置（行号）和产生错误的原因等。如果双击某条错误信息，光标将停留在与该错误信息对应的行上，并在文件编辑区窗口的右边出现一个箭头，指向出现错误的程序行。这样，编程者就可以根据编译程序给出的错误提示，逐个改正语法错误。

如果在编译时出现 Error（错误），表示这是一个非改不可的错误；出现 Warning（警告），表示在这个位置上出现的可能是错误，也可能不是错误，编译程序自己也无法判断。一般来说，如果编译程序只提出警告，还是可以继续连接、运行程序的，但这并不是一种好的做法。因为有些被提出警告的地方，在程序运行时可能会导致严重的运行错误，而对运行错误的检查和修改往往比较困难。因此，建议要认真对待编译程序提出的警告信息，尽可能地消除引起警告的原因。常见的语法错误及提示请参考本书附录 A，在这里就不详细介绍了。

注意，Visual C++编译程序虽然能查出错误，但对错误的说明及其位置的指定有时并不十分准确，而且一个前面出现的错误往往会引起后面若干条错误说明，所以，在检查错误时，不仅要查看错误出现的地方，还要查看它前面的语句行或一小段代码。

2. 语法错误排除

编译程序给出的错误提示有时候会很多，初学者不要被这个表面现象吓倒，其实，有可能是一个对程序多条语句都会产生影响的语句有错误，导致编译程序将所有相关的语句全部当作了语法错误。所以，面对这样的情况，初学者可以尝试改正一个错误后，就重新编译一次，耐心地将所有的错误全部排除为止。

小贴士：编译程序长时间没反应

大家在编译程序的时候，有时候会出现长时间没有响应的情况，在这种情况下，是无法正常关闭 Visual C++ 6.0 的，这是由于 Visual C++ 6.0 自己存在漏洞，往往是一直显示 Linking，但是无法执行也无法退出。此情况可以通过安装补丁来解决，但是如果你所使用的 Visual C++ 6.0 是没有打过补丁的，那你唯一可以做的就是使用 Windows 的任务管理器强制结束 Visual C++的运行了。

第四章 算法及应用

实验一 函数的应用

一．实验目的

1. 掌握函数首部的定义、参数的设置、函数值类型的确定
2. 掌握函数的调用
3. 掌握值传递的特点
4. 掌握使用子函数编写程序
5. 理解全局变量与局部变量的区别，理解静态局部变量
6. 掌握宏定义

二．实验内容

1. 改错题

（1）下面程序中的 fun( )函数用以判断 *n* 是否是素数，fun 函数与 main 函数中有错误，请调试改正。

```
include <iostream.h>
int fun(int n)
{
    int k,yes=1;
    for(k=2;k<=1/2;k++)
        if(n%k==0)
            yes=0;
}
void main()
{
    int m;
    cout<<"please input m:";
    cin>>m;
    if(fun(int m)==1)
        cout<<m<<"is a prime."<<endl;
    else
        cout<<m<<"is not a prime."<<endl
}
```

（2）以下给定 fun 函数的功能是计算 *n*!(*n*<=10)。例如，给 *n* 的值输入"5"，则输出"120"，请改正程序中的错误，使程序能得出正确的结果。

```
#include <iostream.h>
void main()
{
    int n;
    cout<<"Input n:";
    cin>>n;
    cout<<fun(n)<<endl;
```

```
}
int fun(int n)
{
    int result=1;
    if n==0 return 1;
    while(n>1 && n<=10)
        result=n--;
    return result;
}
```

（3）下列给定程序的功能是输入一个整数 $k(k>=2$ && $k<=10\ 000)$，打印它的所有为素数的因子。例如，若输入整数 2310，则应输出 2、3、5、7、11。改正程序中的错误，使其能得出正确的结果。

```
#include <iostream.h>
void main()
{
    int j,k;
    void isprime(int);
    cout<<"Input n between 2 and 10000:";
    cin>>k;
    cout<<endl<<"The prime factors of"<<k<<"are:"<<endl;
    for(j=2;j<k;j++)
        if(k%j==0 && isprime(j))
            cout<<"  "<<j;
    cout<<endl;
}
int isprime(int n);
{
    int i,m;
    m=1;
    for(i=2;i<n;i++)
    {   if(n%2==0)
            m=0;break;
    }
    return m;
}
```

（4）下列给定的程序中，函数 fun 的功能是计算并输出 k 以内最大的 10 个能被 13 或 17 整除的自然数之和。k 的值由主函数传入，若 k 的值为 500，则函数值为 4622。

```
#include <iostream.h>
int fun(int k)
{
    int m=0,mc;
    while(k>=2 && mc<10)
    {   if(k%13=0 || k%17=0)
        {
            m=m+k;
            mc++;
        }
        k--;
```

```
    return k;
  }
void main()
{
 fun(500);
}
```

（5）下列给定程序中，函数 fun 的功能是根据以下公式求 π 的值，并将其作为函数值返回。

$$\frac{\pi}{2}=1+\frac{1}{3}\times\frac{2}{5}+\frac{1}{3}\times\frac{2}{5}\times\frac{3}{7}+\frac{1}{3}\times\frac{2}{5}\times\frac{3}{7}\times\frac{4}{9}+\cdots$$

例如：给指定精度的变量 *eps* 输入 0.0005 时，应当输出 π=3.140 578。

请改正程序中的错误，使程序能得出正确的结果。

```
#include <iostream.h>
int fun(int eps)
{
double s,t;
int n=1;
s=0.0;
t=0;
whle(t<esp)
{
    s=s+t;
    t=(t*n)/(2*n+1);
    n++;
}
return (2*n);
}
void main()
{
double x;
cout<<"Please enter a precision: ";
cin>>x;
cout<<"esp="<<x<<",  Pi="<<fun(x)<<endl;
}
```

（6）以下程序的功能是输入 *x* 的值，根据公式计算 *y* 的值并输出，要求用函数实现，改正下列程序中的错误。

$$y=\begin{cases}\sin x+1 & (x<0)\\ x^2+\dfrac{3}{x} & (0\leqslant x<10)\\ \sqrt{x+4} & (x\geqslant10)\end{cases}$$

```
#include<iostream.h>
#include<math.h>
void main()
{ float x;
 cin>>x;
```

```
   cout<< fun(x);}
fun(int x);
  if(x<0) return sin(x)+1;
  else if(x<10) return pow(x,2)+3.0/x;
  else return sqrt(x+4);
```

（7）以下程序的功能是验证哥德巴赫猜想：大于等于 6 的偶数均能表示为两个素数之和，要求用函数判断"素数"，改正下列程序中的错误。

```
#include<stdio.h>
prime (int x)
{ float i,sum;
  for(i=2;i<=sqrt(x);i++)
    if(x%i==0) sum++;
  return sum; }
void main()
{ int i,j,k,flag;
  for(k=6;k<=100;k++)
  {flag=1;
   for(i=2;i<=k;i++)
       for(j=2;j<=k;j++)
          if(prime(i)&&prime(j)&&(i+j==k)&&flag)
             {flag--;printf("%d=%d+%d\n",k,i,j);}}
}
```

（8）以下程序的功能是求阶乘的累加和 $S=0!+1!+2!+3!+\cdots+n!$，要求用函数求某个数的阶乘，改正下列程序中的错误。

```
#include<stdio.h>
long fun(int n);
{ int i;long s;
 s=0;
 for(i=1;i<=n;i++); s=s*i; }
void main()
{ long s;int k,n;
 scanf("%d",&n);
 s=0;
 for(k=0;k<=n;k++) s=s+fun(n);
 printf("%ld\n",s); }
```

（9）以下程序的功能是输出所有"水仙花数"并求其累加和，要求用函数判断一个数是否是"水仙花数"，改正下列程序中的错误。

```
#include<iostream.h>
int fun(int x)
{int flag,gw,sw,bw;
 gw=x/10;
 sw=x%10/10;
 bw=x%100;
 if(x==pow(gw,3)+pow(sw,3)+pow(bw,3))
      flag = 1 ;
 return flag; }
void main()
```

```
{ int i,sum=0;
  for(i=100;i<1000;i++)
    if(fun(int i))
    {cout<<i<<end; sum+=i;}
  cout<<sum; }
```

（10）以下程序的功能是计算圆的面积，改正下列程序中的错误。

```
# include<IOSTREAM.H>
# define PI=3.1415926;
# define S(r) PI * r * r
void main()
{ float a, area, b;
 a = 3 ; b = 0.6 ;
 area = S(a+b) ;
 cout<<"r="<<a+b<<"\narea="<<area;
}
```

2. 填空题（在空白处填入适当内容，将程序补充完整，并上机调试）

（1）请补充 fun 函数，该函数的功能是判断一个数的个位数字和百位数字之和是否等于其十位上的数字，如果为"是"，则返回 1；为"否"，则返回 0。

部分源程序如下：

```
    #include <iostream.h>
    int fun(int n)
{
    int g,s,b;
    g=n%10;
    ____①____;
    b=n/100;
    if(___②___)
        return 1;
    else
        return 0;
}
void main()
{
    int num;
    cin>>num;
    if((__③__==1)
        cout<<"yes"<<endl;
    else
        cout<<"no"<<endl;
}
```

（2）通过函数 SunFun 求 $\sum_{x=0}^{10} f(x)$ 的程序如下（这里 $f(x)=x^2+1$ 由 F 函数实现）。请填空。

```
#include <iostream.h>
void main()
{
    ____①____;
    cout<<"sum="<<SunFun(10)<<endl;
```

```
}
int SunFun(int n)
{
    ____②____ ;
    int x,s=0;
    for(x=0;x<=10;x++)s+=F(___③___);
    return s;
}
int F(int x)
{
    return (___④___);
}
```

（3）请补充函数 fun，它的功能是计算并输出 n（包括 n）以内能被 3 或 7 整除的所有自然数的倒数之和。

例如，在主函数中从键盘给 n 输入"30"后，输出为 s=1.226 323。

部分源程序如下：

```
#include <iostream.h>
double fun(int n)
{
    int i;
    ____①____ sum=0.0;
    for(i=1;___②___;i++)
        if(i%3==0 ___③___ i%7==0)
            sum+=1.0/i;
    return sum;
}
void main()
{
    int n;
    double s;
    cout<<"Input n: ";
    cin>>n;
    s=___④___;
    cout<<"s="<<s<<endl;
}
```

（4）以下程序的功能是计算 $s = \sum_{k=0}^{n} k!$。请填空。

```
#include <iostream.h>
long f(int n)
{
    int i;
    long s;
    s=___①___;
    for(i=1;i<=n;i++)
        s=___②___;
    return s;
}
void main()
```

```
{
    long s;
    int k,n;
    cin>>n;
    s= ③ ;
    for(k=0;k<=n;k++)s=s+ ④ ;
    cout<<s<<endl;
}
```

（5）给定程序的功能是计算并输出下列级数之和 S_N，直到 $S_N > q$ 为止，q 的值通过形参传入。

$$S_N = \frac{2}{1} + \frac{3}{2} + \frac{4}{3} + \cdots + \frac{N+1}{N}$$

例如：若 q 的值为 50.0，则函数值为 50.4167。

部分源程序如下：

```
#include <iostream.h>
double fun(double q)
{
    int n;
    double s;
    n=2;
    s=2.0;
    while( ① )
    {   s=s+ ② /n;
        ③ ;
    }
    ④ ;
}
void main()
{
    cout<<fun(50)<<endl;
}
```

（6）函数 fun 的功能：统计长整数 n 的各位上出现数字 1、2、3 的次数，并通过全局变量 $c1$、$c2$、$c3$ 返回主函数。

例如：当 $n=123\,114\,350$ 时，结果应该为 $c1=3$、$c2=1$、$c3=2$。

部分源程序如下：

```
#include <iostream.h>
int c1,c2,c3;
void fun(long n)
{
    ① ;
    while(n)
    {   switch( ② )
        {
        case 1:
                c1++;
            ③
```

```
            case 2:
                    c2++;
                    ④
            case 3:
                    c3++;
                    ⑤
            }
            n=n/10;
        }
}
void main()
{
        long n=123114350;
        ⑥   ;
        cout<<"c1="<<c1<<"  c2="<<c2<<"  c3="<<c3<<endl;
}
```

（7）给定程序的功能是计算 $s=f(-n)+f(-n+1)+\cdots+f(0)+f(1)+f(2)+\cdots+f(n)$ 的值。

例如：当 n 为 5 时，函数值应为 10.407 1。

$$f(x)=\begin{cases} (x+1)/(x-2) & (x>0) \\ 0 & (x=0\text{或}x=2) \\ (x-1)/(x-2) & (x<0) \end{cases}$$

部分源程序如下：

```
#include <iostream.h>
#include <math.h>
  ①   f(double x)
{
    if(fabs(x-0.0)<1e-6 || fabs(x-2.0)<1e-6)
        return   ②  ;
    else if(x<0.0)
        return (x-1)/(x-2);
    else
        return (x+1)/(x-2);
}
double fun(int n)
{
    int i;
    double s=0.0,y;
    for(i=-n;i<=  ③  ;i++)
    {   y=f(1.0*i);
    cout<<y<<endl;
        s+=y;
    }
    return   ④  ;
}
void main()
{
    cout<<fun(5)<<endl;
}
```

（8）请补充 fun 函数，该函数的功能是计算并输出下列多项式的值。

$$s=1+\frac{1}{1+2}+\frac{1}{1+2+3}+\cdots+\frac{1}{1+2+3+\cdots+50}$$

例如：若主函数从键盘给 n 输入"50"后，则输出为 $s=1.960\,78$。

部分源程序如下：

```
#include <iostream.h>
  ①   fun(int n)
{
    int i,j;
    double sum=0.0,t;
    for(j=1;j<=n;j++)
    {
        t=0.0;
        for(i=1;i<=j;i++)
            t+=  ②  ;
        sum+=  ③  ;
    }
    return sum;
}
void main()
{
    int n;
    double s;
    cout<<"Input n: ";
    cin>>n;
    s=  ④  ;
    cout<<"s="<<s<<endl;
}
```

（9）以下程序的输出结果是_____。

```
#include <iostream.h>
void fun()
{static a=3;
 a+=2;cout<<a;
}
void main()
{int cc;
 for(cc=1;cc<=3;cc++)fun();
 cout<<endl;
}
```

（10）以下程序的输出结果是_____。

```
#include<iostream.h>
#define f(x)   x*x*x
void main()
{    int a=3,s,t;
    s=f(a+1);t=f((a+1));
    cout<<s<<"    "<<t<<endl;
}
```

3. 按要求编写下列程序，并上机调试运行

（1）请编写一个函数，unsigned fun(unsigned w)，w 是一个大于 10 的无符号整数，若 w 是 n（n≥2）位的整数，则函数求出 w 的后 n−1 位的数作为函数值返回，例如输入"6734"，则函数值为 734。

解析 本题程序由主函数及一个子函数组成，主函数负责输入原始数据、调用子函数、输出结果，子函数负责求出一个 n 位数的后 n−1 位组成的数。

子函数在编写时要先求 n 的位数，因为 w 在求位数过程中会改变，所以先用 k 将其保存起来，求位数的过程中，每循环一次位数 n 加 1，w 缩小 10 倍，循环条件是 w>10，函数结束执行时，用 return 语句返回 n−1 位组成的数。

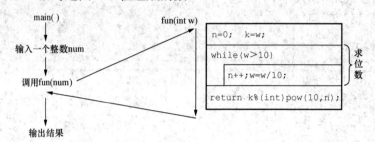

编写子函数时也可以采用如下方法：
可以使用常用对数函数编写子函数：

```
return k%(int)pow(10,log10(k));
```

（2）编写一个函数，判断一个字符是否为数字字符，即介于'0'～'9'，要求主函数负责输入字符并输出结果。例如，输入 a，则输出不是数字字符；输入 3，则输出是数字字符。

解析 本题程序由主函数及一个判断是否为数字字符的子函数组成，主函数负责输入原始数据、调用子函数、输出结果，子函数负责判断给定的字符是否为数字字符。

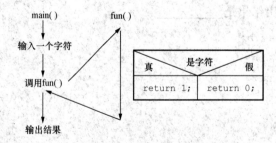

下一步就要确定函数的首部，首先给函数取一个名字 fun，原始数据就是一个字符型数据，所以参数是一个字符型，计算结果是一个判断值（0 代表不是，1 代表是），所以将函数类型确定为整型：

函数名字：**fun**

函数参数：一个，字符型

函数类型：整型

那就可以确定了函数的首部：

```
int fun(char c1)
```

函数体的编写同主函数编写类似，子函数结束时需要使用 **return** 语句将计算结果返回到

主函数。

（3）请编写函数，其功能是将两个两位数的正整数 a、b 合成一个整数放在 c 中。合并的方式是：将 a 数的十位和个位分别放在 c 数的千位和个位，将 b 数的十位和个位分别放在 c 数的百位和十位上。例如：当 $a=45$，$b=12$，调用该函数后，$c=4125$。

要求在主函数中输入 a、b，输出结果为 c。

解析 本题程序由主函数及一个将两个两位数的正整数 a、b 合成一个整数的子函数组成，主函数负责输入原始数据、调用子函数、输出结果，子函数负责完成给定任务。

下一步就要确定函数的首部，首先给函数取名为 fun，原始数据就是两个整型数据，所以参数是一个整型，计算结果是一个合并后的整数，所以函数类型确定为整型：

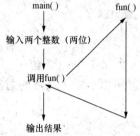

函数名字：fun

函数参数：两个，整型

函数类型：整型

那就可以确定了函数的首部：

```
int fun(int a,int b)
```

函数体的编写同主函数编写方法类似，先将两个数的个位、十位分离，然后子函数结束时使用 return 语句将组合后的数返回到主函数。

（4）求 $1/(1*2)-1/(2*3)+1/(3*4)-1/(4*5)+\cdots+(-1)^{n+1}/(n*(n+1))$ 的结果，在主函数中完成 n 值的输入和结果的输出。若输入"10"，则结果为 0.382 179。

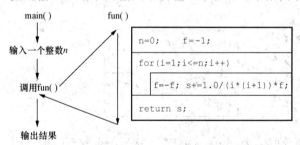

解析 本题程序由主函数及一个求给定多项式值的子函数组成，主函数负责输入原始数据、调用子函数、输出结果，子函数负责完成给定任务。

下一步就要确定函数的首部，首先给函数取名为 fun，原始数据就是一个整型数据，所以参数是一个整型，计算结果是一个带有分数的多项式值，所以将函数类型确定为实型（或双精度型）。

函数名字：fun

函数参数：一个，整型

函数类型：实型

那就可以确定了函数的首部：

```
float fun(int n)
```

编写子函数时，可以使用通项求符号，但使用 pow 函数时，我们看到符号是一正一反，因此 f 保存符号，每次乘以–1 就得到下一项的符号，分子分母使用通项即可，但要注意类型，两个整型相除结果是整型，因此其中一项一定要想办法变为实型，分子采用 1.0，子函数结束时使用 return 语句将计算结果返回到主函数。

（5）编写一个函数，根据下面的公式计算 sum 的值。

$$sum=1+11+111+1111+\cdots+\underbrace{111\cdots1}_{n}\ （最后一项 n 个 1）$$

要求在主函数输入 *n*，输出 *sum*，自定义函数中计算表达式的值。例如：输入"3"，结果为 123。

解析　本题程序由主函数及一个求给定多项式值的子函数组成，主函数负责输入原始数据、调用子函数、输出结果，子函数负责完成给定任务。

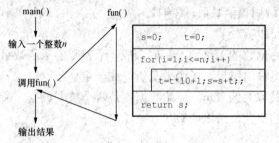

下一步就要确定函数的首部，首先给函数取名为 fun，原始数据就是一个整型数据，所以参数是一个整型，计算结果是一个多项式值，所以将函数类型确定为整型（如果位数不多）：

函数名字：fun

函数参数：一个，整型

函数类型：整型

那就可以确定了函数的首部：

```
int fun(int n)
```

编写子函数时，*s* 记录多项式的值，初值为 0，*t* 记录每一项的值，总体是求和，所以将 *n* 项加起来即可，可以采用通项的方法，通项是：$(10^n-1)/9$，也可以看相邻两项的差别，将前一项乘以 10（左移一位），再加 1 即可求出后一项，子函数结束时使用 return 语句将计算结果返回到主函数。

（6）求满足 $1^3+2^3+3^3+\cdots+n^3<10\,000$ 的 *n* 的最大值。要求，n^3 由子函数实现。本题的结果为 13。

解析　根据题目要求，本题程序由主函数及一个求给定多项式每一项值的子函数组成，主函数负责求多项式的值、在加每一项时，通过调用子函数求出每一项、输出结果，子函数负责完成给定任务。

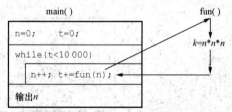

下一步就要确定函数的首部，首先给函数取名为 fun，原始数据就是一个整型数据，所以参数是一个整型，计算结果是 n^3，所以将函数类型确定为整型：

函数名字：fun

函数参数：一个，整型

函数类型：整型

那就可以确定了函数的首部：

```
int fun(int n)
```

编写子函数体非常简单，求出 n^3，通过 return 语句将计算结果返回到主函数。

在编写主函数时，本题仍然是求多项式的值，但它的结束条件变了，是整个表达式的值<10 000，所以每加一项先判断循环条件 *t*<10 000 是否为真，若为真，则继续加，否则退出，退出后的 *n*−1 值就是所求的结果。

（7）请编写一个函数，根据以下公式求 *π* 的值，要求满足精度 0.0005 即某项小于 0.0005 时停止。

$$\frac{\pi}{2} = 1 + \frac{1}{3} + \frac{1 \times 2}{3 \times 5} + \frac{1 \times 2 \times 3}{3 \times 5 \times 7} + \frac{1 \times 2 \times 3 \times 4}{3 \times 5 \times 7 \times 9} + \cdots + \frac{1 \times 2 \times 3 \times \cdots \times n}{3 \times 5 \times 7 \times \cdots \times (2n+1)}$$

程序运行后,如果输入"0.0005",则程序输出为 3.14…要求在主函数中输入精度,输出结果。

解析 本题程序由主函数及一个求给定多项式值的子函数组成,结构如下:

下一步就要确定函数的首部,首先给函数取名为 fun,原始数据就是一个精度(实型),所以参数是一个双精度型,计算结果是一个存在分子分母的多项式之和,所以将函数类型确定为双精度型。

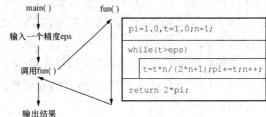

函数名字:fun

函数参数:一个,双精度型

函数类型:双精度型

那就可以确定了函数的首部:

```
double fun(double eps)
```

编写函数体时,虽然总体仍然是求和,但和前几题不同,加多少项没有指定,只要没有达到精度要求就继续加,到了精度要求就结束,所以循环条件是 $t>eps$(t 记录每一项,eps 是精度),循环体①求新项,方法是看相邻两项的差别,后一项在前项的基础上乘以 n,再除以 $2n+1$。②求和。③计数加 1。子函数结束时使用 return 语句将计算结果返回到主函数。

(8)编写一个函数,计算并输出当 $x<0.97$ 时下列多项式的值,直到 $|S_n - S_{n-1}| < 0.000\ 001$ 为止。要求在主函数中输入 x 和结果的值。

$$Sn = 1 + 0.5x + \frac{0.5(0.5-1)}{2!}x^2 + \frac{0.5(0.5-1)(0.5-2)}{3!}x^3 + \cdots + \frac{0.5(0.5-1)(0.5-2)\cdots(0.5-n+1)}{n!}x^n$$

若主函数输入"0.21"后,则输出为 $s=1.100\ 000$。

解析 本题程序由主函数及一个求给定多项式值的子函数组成,主函数负责输入原始数据、调用子函数、输出结果,子函数负责完成给定任务。

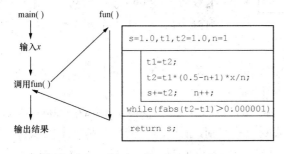

下一步就要确定函数的首部,首先给函数取名为 fun,原始数据就是一个小于 0.97 的数(实型),所以参数是一个双精度型,计算结果是一个存在分子分母的多项式之和,所以将函数类型确定为双精度型。

函数名字:fun

函数参数:一个,双精度型

函数类型:双精度型

那就可以确定了函数的首部:

```
double fun(double x)
```

编写函数体时,虽然总体仍然是求和,但和前几题不同,加多少项由相邻两项绝对值之差决定,当达到了精度要求就结束,所以循环条件是 $fabs(t_2-t_1)>0.000\ 001$(t_2 为后一项,t_1 记录前一项)。

在构造循环体时,每加一项要做 4 个步骤:①求新项,方法是看相邻两项的差别,后一项在前项的基础上乘以($0.5-n$),再乘以 x,除以 n。②求和。③计数加 1。④新值取代旧值。

但如果用下列函数段实现：

```
while(fabs(t2-t1)>0.000 001)
    {   t2=t1*(0.5-n+1)*x/n;
        s+=t2;
        n++;
        t1=t2;
    }
```

则这样执行有问题，当进行下一次循环时，t_1 和 t_2 相等，循环条件就是 0，为假，执行不下去。解决方法就是将每次做的 4 步中的第④提前到第一步，用直到型循环实现，具体结果看程序清单。

子函数结束时使用 return 语句将计算结果返回到主函数。

（9）利用级数展开式计算 cos$x$ 的幂级数，精度达到 0.00 001（直到最后一项的绝对值小于 0.00 001）为止。

$$\cos x = 1 - \frac{x^2}{2!} + \frac{x^4}{4!} - \frac{x^6}{6!} + \cdots + (-1)^n \frac{x^{2n}}{(2n)!} + \cdots$$

要求使用自定义函数完成计算，x 由主函数输入，结果由主函数输出。例如：输入"0"，结果为"1"；输入"3"，结果为-0.989 992。

解析 本题程序由主函数及一个求给定多项式值的子函数组成，主函数负责输入原始数据、调用子函数、输出结果，子函数负责完成给定任务。

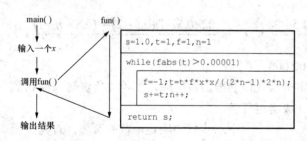

下一步就要确定函数的首部，首先给函数取名为 fun，原始数据就是一个 x（实型），所以参数是一个双精度型，计算结果是一个存在分子分母的多项式之和，所以将函数类型确定为双精度型。

函数名字：fun

函数参数：一个，双精度型

函数类型：双精度型

那就可以确定了函数的首部：

```
double fun(double x)
```

编写函数体时，虽然总体仍然是求和，但本题的特点是，循环条件是 $fabs(t)>0.00 001$（t 保存每一项），循环体①求新项，方法是看相邻两项的差别，后一项在前项的基础上乘以符号 f（是在前一项 f 的基础上乘以-1），乘以 $x*x$，再除以$(2n-1)*(2*n)$。②求和。③计数加 1。子函数结束时使用 return 语句将计算结果返回到主函数。

（10）求 Fibonacci 数列的前六项阶乘之和，即求：

$$1!+1!+2!+3!+5!+8!$$

要求：用函数实现某个数的阶乘，计算结果在主函数中输出。本题结果为 40 450。

解析 根据题目要求，本题程序由主函数及一个求给定 n 阶乘的子函数组成，主函数负责求多项式的和，在加每一项时，通过调用子函数求出每一项的阶乘、输出结果，子函数负责完成给定任务。

下一步就要确定函数的首部，首先给函数取名为 fun，原始数据就是一个整型数据 n，所以参数是一个整型，计算结果是一个 $n!$，所以函数类型确定为整型（因为 n 小，若 n 比较大时，函数类型就应定义为实型，否则会溢出）：

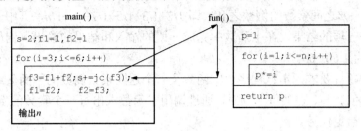

函数名字：fun

函数参数：一个，整型

函数类型：整型

那就可以确定了函数的首部：

```
int fun(int n)
```

编写子函数非常简单，求出 $n!$，通过 return 语句将计算结果返回到主函数。

在编写主函数时，本题仍然是求多项式的值，共 6 项，前两项的值是 1，所以从第 3 项开始加。循环体分 3 步①求新项，$f_3=f_1+f_2$。②求和。③为下一项作准备，现在的项是下一项的前一项，现在的前一项是下一项的前两项。

（11）编写函数，求 Fibonacci 数列中大于 t（$t>3$）的最小的一个数，结果有函数返回。其中，Fibonacci 数列 $F(n)$ 的定义为：

$$F(0)=0,\ F(1)=1$$
$$F(n)=F(n-1)+F(n-2)$$

例如：当 $t=1000$ 时，函数值为 1597。

解析 本题看似和前一题类似，但实际不同。根据题目要求，所求的 Fibonacci 数列中的项要由子函数来实现，主函数负责输入原始数据、调用子函数、输出结果。

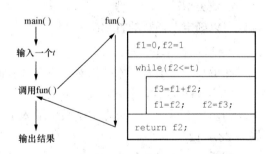

下一步就要确定函数的首部，首先给函数取名为 fun，原始数据就是一个 t（比 t 大的第一个数就是结果），所以参数是一个整型，计算结果是 Fibonacci 数列中的一项，所以将函数类型确定为整型（在项数不太多的情况下，若项数多，要用实型，否则会溢出）。

函数名字：fun

函数参数：一个，整型

函数类型：整型

那就可以确定了函数的首部：

```
int fun(int t)
```

编写函数体时，虽然是求 Fibonacci 数列中的一项，但本题没有给定是几项，循环条件：$f_2<=t$（确保求出的项要大于 t），循环体与上一题相同，分 3 步：①求新项，$f_3=f_1+f_2$。②求和。

③为下一项作准备，现在的项是下一项的前一项，现在的前一项是下一项的前两项。子函数结束时使用 return 语句将计算结果返回到主函数。

（12）求：$1 \sim n$ 之间素数的倒数之和，即 $1/2+1/3+1/5+1/7+\cdots+1/n$，其中分母为素数，要求用函数计算每一项的结果，在主函数中完成 n 值的输入和结果的输出。例如，输入 n 的值为"50"，结果为 1.661 65。

解析　根据题目要求，本题程序由主函数及一个返回素数倒数的子函数组成，主函数负责求多个素数的倒数和、在加每一项时，通过调用子函数求出每一个素数的倒数、输出结果，子函数负责完成给定任务。

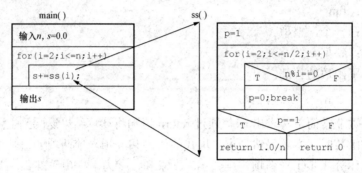

下一步就要确定函数的首部，首先给函数取名为 ss，原始数据就是一个整型数据 n，所以参数是一个整型，计算结果是一个素数的倒数，如果 n 是一个素数，则返回 $\frac{1}{n}$；若不是素数，则返回 0，所以将函数类型确定为双精度型。

函数名字：ss
函数参数：一个，整型
函数类型：双精度型

那就可以确定了函数的首部：

```
double ss(int n)
```

在编写主函数时，本题仍然是求多项式的值，共 n 项。循环体就把新项加到和里。

（13）编写函数，求 n 以内（不包含 n）同时能被 3 与 7 整除的所有自然数的平方根之和，并作为函数值返回，要求在主函数中输入 n，并输出结果。例如：输入 n 的值为"200"，结果为 88.4712。

解析　本题目结构如下：

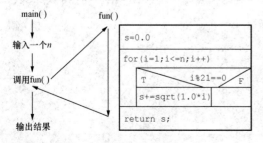

下一步就要确定函数的首部，首先给函数取名为 fun，原始数据就是一个 n（搜索范围），所以参数是一个整型，计算结果是其平方根之和，所以将函数类型确定为双精度型。

函数名字：fun
函数参数：一个，整型
函数类型：双精度型

那就可以确定了函数的首部：

```
double fun(int n)
```

编写主函数时，注意将调用结果妥善处理，方法一是定义一个和子函数值类型一致的变量，存起来，如本例：

```
s=fun(n);
```

方法二是将函数调用直接放到输出语句中输出。

（14）编写一个函数，计算并输出给定整数 n 的所有因子（不包括 1 与本身）之和，规定 n 的值不大于 1000，要求在主函数中输入 n 的结果。例如，n 的值输入"12"，结果为 15。

解析 根据题目要求，本程序结构如下：

下一步就要确定函数的首部，首先给函数取名为 fun，原始数据就是一个 n，所以参数是一个整型，计算结果是其因子之和，所以将函数类型确定为整型。

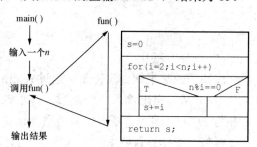

函数名字：fun

函数参数：一个，整型

函数类型：整型

那就可以确定了函数的首部：

```
int fun(int n)
```

编写子函数体时，方法如流程图，子函数结束时使用 return 语句将计算结果返回到主函数。

编写主函数时，注意将调用结果妥善处理。

（15）求 400 以内的亲密对数。所谓亲密对数是指若正整数 A 的所有因子（包括 1 但不包括自身，下同）之和为 B，而 B 的因子之和为 A，则称 A 和 B 为一对亲密对数。本题的结果是：

6 和 6 是亲密对数

28 和 28 是亲密对数

220 和 284 是亲密对数

284 和 220 是亲密对数

解析 在本题中，实际是求一个数的因子和是否等于该数，若是，该数与其因子和互为亲密对数。首先采用枚举法（穷举法），枚举[1,400]区间的整数 n，在循环体中，再次使用枚举法，枚举[1, n–1]区间的整数，判断其是否为 n 的因子，若是，则累加到因子和 s 中。然后再使用上述方法，求 s 的因子和，并判定其是否等于 n，若是，则 n 与 s 为一对亲密对数。

本算法中，求因子和的算法相对独立，且被调用两次，因此可将求因子和的算法设计成函数，提高编程效率。

所以本题结构如下：

下一步就要确定函数的首部，首先给函数取名为 f，原始数据就是一个整型数据 n，所以参数是一个整型，计算结果是一个因子和，所以将函数类型确定为整型。

函数名字：f

函数参数：一个，整型

函数类型：整型

那就可以确定了函数的首部：

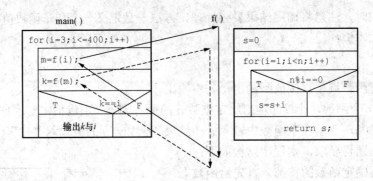

```
int f(int n)
```

编写子函数来核查流程图，通过 return 语句将计算结果返回到主函数。

（16）从键盘上输入一个整数，并求该整数的质因子之和。例如：20=2×2×5，其质因子之和为 2+2+5，即 9。要求使用函数计算整数的质因子之和。

解析　根据题目要求，本程序由主函数和求该整数的质因子之和的子函数来实现，主函数负责输入原始数据、调用子函数、输出结果。

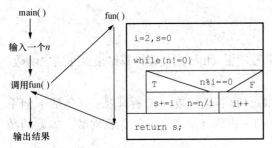

下一步就要确定函数的首部，首先给函数取名为 fun，原始数据就是一个 n，所以参数是一个整型，计算结果是质因子之和，所以函数类型被确定为整型。

函数名字：fun

函数参数：一个，整型

函数类型：整型

那就可以确定函数的首部：

```
int fun(int n)
```

本题中的质因子，相乘后应该等于该数，所以在求质因子的过程中，只要找到其一个质因子 i，就缩小 i 倍：$n=n/i$，如果当前 i 不再是其因子，则 i++，直到 n 缩小至 0 为止。子函数结束时使用 return 语句将计算结果返回到主函数。

编写主函数时，注意将调用结果妥善处理。

（17）编写一个函数，判断其中一个整数是否为素数，在主函数中调用该函数，计算 100～999 之间所有素数的平方根之和。本题的结果是 3157.48。

解析　根据题目要求，本题程序由主函数及一个是否为素数的子函数组成，主函数负责求多个素数的平方根之和、如果该数为素数则加入其平方根、最后主函数负责输出结果，子函数负责完成给定任务。

下一步就要确定函数的首部，首先给函数取名为 ss，原始数据就是一个整型数据 n，所以参数是一个整型，计算结果是判定 n 是否为素数，如果 n 是素数，则返回 1'，若不是素数，则返回 0，所以将函数类型确定为整型。

函数名字：ss

函数参数：一个，整型

函数类型：整型

那就可以确定了函数首部：

```
int ss(int n)
```

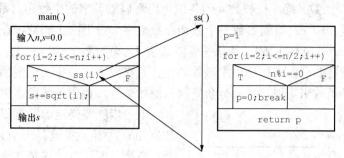

编写子函数去看流程图，通过 return 语句将计算结果返回到主函数。

（18）已知三角形的三条边 *a*、*b*、*c*，用带参数的宏编写求三角形面积的程序。若三条边分别输入"3"、"4"、"5"，则结果是 6。

解析　根据题目要求，本程序由主函数组成，但需要在求三角形面积中加入带参数的宏，需要注意的是，宏定义 *s*(*a*, *b*, *c*)的替换正文中，三个参数都要用（）括起来，否则，当宏调用的实参中出现比"+"优先级更小的运算符（如三目运算符、逗号运算符）时，结果与题意不符。

（19）输出 Fibonnaci 数列前 *n* 项的值，要求使用函数求出该数列的各项，在主函数中输入 *n*，并且输出每项的值。若输入"10"，结果是 0 1 1 2 3 5 8 13 21 34。

解析　根据题目要求，本题程序由主函数及求 Fibonaci 数列各项的子函数组成，主函数负责枚举（循环）、调用子函数求各项、输出结果，子函数负责完成给定任务。

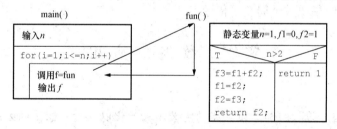

下一步就要确定函数的首部，首先给函数取名为 f。其次确定参数，题目要求使用函数求各项，而数列各项是前两项之和，如果能把前两次的调用结果保留下来，直接相加即可，静态局部变量可以完成这个任务。这样就不需要传递原始数据，所以可以使用无参函数，第一次调用，输出数列的第一项；第二次调用，输出数列的第二项，依次类推。计算结果是各项，将函数类型确定为整型。

函数名字：f

函数参数：无

函数类型：整型

那就可以确定了函数的首部：

```
int f()
```

静态局部变量保留上次函数运行时的状态，在子函数中可以定义三个静态变量，*n* 记录第几项，f_1、f_2 记录前两项，给定初值 *n*=1，f_1=0，f_2=1，f_3 记录当前项（可以不是静态变量），当项数小于等于 2 时，直接返回 1，当项数大于 2 时，根据记录前两项静态变量的值计算当前项的值，并在返回当前项值之前更新 f_1、f_2 的值。

（20）编写一个函数，统计长整数 n 的各位上出现偶数数字的个数和奇数数字的个数。要求：通过全局变量 $c1$、$c2$ 将偶数数字个数和奇数数字个数返回主函数，在主函数中输入 n 的结果。例如：输入 134 680 257，结果是偶数数字 5，奇数数字 4。

解析　根据题目要求，本程序由主函数和统计长整数 n 的各位上出现偶数数字的个数和奇数数字个数的子函数来实现，主函数负责输入原始数据、调用子函数、输出结果。

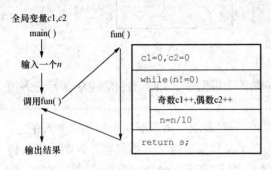

下一步就要确定函数首部，首先给函数取名为 fun，原始数据就是一个 n，所以参数是一个长整型，但计算结果是 2 个，而 return 语句只可以传回一个值，用目前学过的方法，只能使用全局变量传递结果，所以不需要 return 返回值，函数类型可以确定为 void。

函数名字：fun

函数参数：一个，长整型

函数类型：void

那就可以确定函数的首部：

```
void fun(long n)
```

要判断 n 的各位的性质，只能把每一位分离出来作相应的处理，每分离一位，n 就缩小 10 倍：$n=n/10$，直到 n 缩小至 0 为止。因为函数类型为 void，没有返回值，所以不需要 return 语句，直接结束。结果通过全局变量传递。

实验二　数 组 的 应 用

一、实验目的

1. 掌握数值型一维数组和二维数组的定义、初始化以及输入输出的方法
2. 掌握用一维数组和二维数组实现的相关算法
3. 掌握字符数组的定义、初始化以及输入输出的方法
4. 掌握用字符数组处理字符串的方法
5. 掌握常用字符串处理函数
6. 掌握用数组作为函数形参的相关语法规则和编程技巧
7. 掌握在 Visual C++集成环境中调试与数组相关程序的方法

二、实验内容

1. 改错题（在错误处划横线并改正）

（1）以下程序的功能是输入 10 个数到数组，交换数组中最大数和最小数，改正下列程序中的错误。

```
#include<iostream.h>
#define N 10
void main()
```

```
{int n; cin>>n;
 int a[n],i,t,max,min,maxi,mini;
 for(i=0;i<=N;i++)
      cin>>a[i];
 for(i=0;i<N;i++)
      {if(a[i]>=max) {max=a[i];maxi=i;}
        if(a[i]<=min) {min=a[i];mini=i;}}
 t=a[maxi],a[maxi]=a[mini],a[mini]=t;
 cout<<a;}
```

（2）以下程序的功能是用函数输出杨辉三角形，改正下列程序中的错误。

```
#include<iostream.h>
#define N 100
int yh(int b[][],int n)
 {int i,j;
  for(i=0;i<n;i++)
     for(j=0;j<n;j++)
          b[i][j]=1;
  for(i=1;i<n;i++)
     for(j=1;j<n;j++)
          b[i][j]=b[i-1][j]+b[i-1][j-1];}
void main()
{int a[N][N],i,j,n;
 cin>>n;
 yh(a[n][n],n);
 for(i=0;i<n;i++)
    for(j=0;j<i+1;j++)
       cout<<a[i][j]<<" ";
    cout<<endl;
}
```

（3）以下程序的功能是输入一个字符串，将其首尾互换，并与原字符串连接后输出，例如输入"china"，输出"chinaanihc"，改正下列程序中的错误。

```
#include<stdio.h>
#define N 100
void main()
{ char str1[N],str2[N],i,n=0,t;
  scanf("%s",&str1);
  strcpy(str2,str1);
  for(i=0;str1[i]!='\0';i++) n++;
  for(i=0;i<n;i++)
  {t=str1[i];str1[i]=str1[n-i-1];str1[n-i-1]=t;}
  while(str1[i]!=0)
  {str2[n+i]=str1[i];i++;}
  printf("%s",str2);
}
```

（4）以下程序的功能是输入 10 个数到数组，找出其中的偶数组成新的数组，并计算其平均值，改正下列程序中的错误。

```
#include<iostream.h>
```

```
#define N 10
void main()
{int a[N],b[N],i,j,sum=0;
 for(i=0;i<N;i++)
     cin>>a[i];
 for(i=0;i<N;i++)
     if(i%2==0)
         b[j]=a[i];sum+=a[i];
 for(i=0;i<N;i++)
     cout<<b[i]<<" ";
 cout<<"平均值为: "<<(float)sum/j;}
```

（5）以下程序的功能是输入一个十六进制数，输出十进制数，改正下列程序中的错误。

```
#include<iostream.h>
void convert(char str[])
{int i,result=0;
 for(i=0;str[i]!='0';i++)
 {if (str[i]>='a'&&str[i]<='f')
     result=result*16+str[i]-'a'+10;
 else if (str[i]>='A'&&str[i]<='F')
     result=result*16+str[i]-'A'+10;
 else if (str[i]>='0'&&str[i]<='9')
     result=result*16+str[i]-'0';}
 return result;}
int detect(char ch)
{
 return (ch>='a'&&ch<='f'||ch>='A'&&ch<='F'||ch>='0'&&ch<='9') ? 0 : 1 ;
}
void main()
{char str[20];
 int i,flag = 1;
 gets(str);
 for(i=0;str[i]!=0;i++)
     if(detect(str[i])==0) {flag=0;break;}
 if(flag) cout<<"对应的十进制的值为: "<<convert(str[]);
 else cout<<"输入的不是一个十六进制的数!";
}
```

2. 填空题（在空白处填入适当内容，将程序补充完整，并上机调试）

（1）求 Fibonacci 数列（1，1，2，3，5，8，13，…）的前 10 项。

```
#include <iostream.h>
void main()
{ int f[11]={0,1,1},n;
  for(n=3;n<=10;n++)
     f[n]=_____(1)_____;
  for(_____(2)_____;n<=10;n++)
     cout<<f[n]<<" ";
}
```

输入/输出示例：

1 1 2 3 5 8 13 21 34 55

（2）从键盘上输入若干学生的成绩，统计出平均成绩，并输出低于平均分的学生成绩，输入负数结束数据的输入。

```
#include <iostream.h>
void main()
{ float x[100],sum=0.0,ave,a;
  int n=0,i;
  cin>>a;
  while(    (1)    )
  { sum+=a ;
    x[n]=a ;
       (2)      ;
    cin>>a;}
  ave=sum/n;       ;
  cout<<"ave="<<ave<<endl;
  for(i=0;    (3)    ;i++)
    if(    (4)    )
              cout<<x[i]<<" ";
}
```

输入/输出示例：

```
98 45 87 65 78 93 76 -1↵
ave=77.4286
45 65 76
```

（3）计算一个 3×3 矩阵各列元素的平均值。

```
#include "iostream.h"
#define M 3
void main()
{int a[M][M]={1,2,3,4,5,6,7,8},i,j;
 float ave[M];
 for(i=0;i<M;i++)
 {     (1)     ;
      for(j=0;j<M;j++)
      ave[i]=ave[i]+    (2)    ;
    ave[i]=    (3)    ;
 }
  for(i=0;i<M;i++)
      cout<<"  "<<ave[i];
}
```

输入/输出示例：

```
 4  5  3
```

（4）找出一个 5×5 矩阵中的最小值及其在数组中的位置。

```
#include "iostream.h"
#define M 5
void main()
{int a[M][M],i,j,h,l;
 for(i=0;i<M;i++)
    for(j=0;j<M;j++)
```

```
            (1)      ;
    h=0;l=0;
    for(i=0;i<M;i++)
         for(j=0;j<M;j++)
              if(    (2)    >a[i][j])
              {    h=i;
                  (3)    ;
              }
    cout<<"最小值:"<<    (4)    <<endl;
    cout<<"位置: 行: "<<h<<"  列: "<<l;
}
```

输入/输出示例:

```
1 2 3 4 5↵
3 4 0 2 6↵
2 6 9 8 1↵
3 7 9 8 2↵
5 6 8 9 3↵
```
最小值:0
位置: 行: 1 列: 2

（5）程序的功能是将两个字符串进行比较，然后输出两个字符串中第一个不相同字符的 ASCII 码之差（第一个字符串中字符的 ASCII 码减去第二个字符串中字符的 ASCII 码）。

```
#include <stdio.h>
void main()
{char str1[100],str2[100];
 int i,s;
 printf("请输入第一个字符串: ");
 gets(str1);
 printf("请输入第二个字符串: ");
 gets(str2);
 i=0;
 while(    (1)    )
   i++;
 s=    (2)    ;
 printf("%d",s);
}
```

输入/输出示例:

```
请输入第一个字符串: abcd↵
请输入第二个字符串: abed↵
-2
```

思考: 如果第一个字符串为 ab，第二个字符串为 abc，则程序的运行结果是什么？根据这个结果判断字符'\0'的 ASCII 码是多少？对于字符数组 str1，判断关系表达式 str1!='\0'与 str1!=0 是否等价？

（6）子函数的功能是将十进制数转换成二进制数。在主函数中输入十进制数，调用子函数进行转换后输出转换的结果。

```
#include <iostream.h>
```

```
void main()
{int y,n,j,a[8];
    (1)    ;
 cin>>y;
 n=   (2)    ;
 for(j=   (3)    ;j>=0;j--)
     cout<<a[j];
}
int zh(int a[],int x)
{ int i;
  i=0;
  do
  { a[i]=   (4)    ;i++;
    x=x/2;
  }
  while(x>=1);
    (5)    ;
}
```

输入/输出示例：

125↵
1111101

3. 按要求编写下列程序，并上机调试运行

（1）从任意 *n* 个数构成的数列中找出最大的数和最小的数，将最大的数和最后一个数互换，最小的数和第一个数互换。

输入/输出示例：

输入数据个数:10↵
输入数据:2 3 0 5 7 1 6 8 2 7↵
处理结果:0 3 2 5 7 1 6 7 2 8

（2）从键盘输入任意一个大于 0 的实数，存入一个数组中（输入小于等于 0 的数，数据输入过程结束），统计并输出其中大于等于平均值的实数个数。

输入/输出示例：

输入实数:2 3.4 5 7.6 1 6.5 8 0↵
大于等于平均值的实数个数:4

（3）找出 1~100 之间能被 7 或 11 整除的所有整数，将这些整数放在数组中然后输出，要求一行输出 10 个数。

输入/输出示例：

1~100 之间能被 7 或 11 整除的所有整数:
  7 11 14 21 22 28 33 35 42 44
 49 55 56 63 66 70 77 84 88 91
 98 99

（4）将任意一个互不相同且非 0 的整数组成的数列输入到数组中（输入 0 则结束输入），然后查找某个数是否在这个数列中。若在，就输出该数在数列中的位置；若不在，就输出相关信息。

输入/输出示例 1：

输入数列：1 2 5 -1 6 3 7 0↵
输入要查找的数：5↵
查找结果：5 在数列中，是第三个数。

输入/输出示例 2：

输入数列：1 2 5 -1 6 3 7 0↵
输入要查找的数：10↵
查找结果：10 不在数列中。

（5）查找一个数是否在一个数列（由非 0 整数构成）中，若在，请从数列中删除这个数。
输入/输出示例：

输入数列：1 2 5 1 1 3 7 0↵
输入要查找的数：1↵
处理结果：2 5 3 7

（6）将一个数组中的数循环右移，例如，数组中原来的数为 1 2 3 4 5，移动后变成 5 1 2 3 4。

（7）编写程序，任意输入 10 个整数的数列，先将整数按从大到小的顺序进行排序，然后输入一个整数插入到数列中，使数列保持从大到小的顺序。

输入/输出示例：

输入数列：1 2 5 9 8 3 7 0 3 -1↵
输入要插入的数：4↵
处理结果： -1 0 1 2 3 3 4 5 7 8 9

（8）从任意一组正整数中找出素数，计算素数之和，并对素数按从大到小的顺序排序。
输入/输出示例：

输入数列：1 2 5 9 8 3 7 11 6 17 -1↵
素数之和：45
素数： 17 11 7 5 3 2

（9）任意输入一个正整数，将其各位数字取出，然后将各位数字按从高到低的顺序排序，重新组合成一个新的整数，并输出该整数。例如：输入整数 347，重新组合成新的整数为 743。要求：程序能处理 9 位之内的任意正整数。

（10）有两个矩阵，均为 2 行 3 列，求两个矩阵之和，并输出结果。
输入/输出示例：

输入第一个矩阵：
1 2 5↵
9 6 3↵
输入第二个矩阵：
3 2 4↵
0 3 1↵
矩阵和：
    4 4 9
    9 9 4

（11）有一个 3 行 3 列的矩阵，将其输入到数组中并输出，再输出其转置，最后输出该矩阵的上三角部分和下三角部分。例如，一个 3×3 矩阵为

```
1    2    3
4    5    6
7    8    9
```

其转置为

```
1    4    7
2    5    8
3    6    9
```

其上三角部分：

```
1    2    3
     5    6
          9
```

其下三角部分：

```
1
4    5
7    8    9
```

（12）找出一个 3 行 4 列矩阵每行的最大数及其位置，每列的最小数及其位置。

输入/输出示例：

输入矩阵：

```
1 2 5 7↵
9 6 3 8↵
7 1 9 0↵
```

结果：

```
第一行最大数：7,在第 4 列
第二行最大数：9,在第 1 列
第三行最大数：9,在第 3 列
第一列最小数：1,在第 1 行
第二列最小数：1,在第 3 行
第三列最小数：3,在第 2 行
第四列最小数：0,在第 3 行
```

（13）将一个 3 行 4 列的矩阵输入到数组 a 中，然后形成该矩阵的转置存储在数组 b 中，并输出结果。

输入/输出示例：

输入矩阵：

```
1 2 5 7↵
9 6 3 8↵
7 1 9 0↵
```

转置：

```
1    9    7
2    6    1
5    3    9
7    8    0
```

（14）打印"魔方阵"。所谓魔方阵是指这样的方阵，它的每一行、每一列和对角线之和均相等。例如，三阶魔方阵为

```
8   1   6
3   5   7
4   9   2
```

要求打印出由 1 到 n^2 的自然数构成的魔方阵（n 阶魔方阵，只考虑 n 为奇数的情况）。

输入/输出示例：

输入 n:<u>5</u>↵
```
17  24   1   8  15
23   5   7  14  16
 4   6  13  20  22
10  12  19  21   3
11  18  25   2   9
```

（15）输入一个由数字字符组成的字符串，分别统计这个字符串中字符为 0 的个数、字符为 1 的个数、…、字符为 9 的个数。

输入/输出示例：

输入字符串:<u>1300927536</u>↵
字符 0 的个数:2
字符 1 的个数:1
字符 2 的个数:1
字符 3 的个数:2
字符 4 的个数:0
字符 5 的个数:1
字符 6 的个数:1
字符 7 的个数:1
字符 8 的个数:0
字符 9 的个数:1

（16）将一个字符串中的字符按 ASCII 码从大到小的顺序排序。

输入/输出示例：

输入字符串:<u>a130U</u>↵
结果:aU310

（17）将一个字符串中的所有 ASCII 码能被 3 整除的字符删除，然后将剩余的字符按从小到大的顺序排序后构成一个新的字符串，并输出。

输入/输出示例：

输入字符串:<u>North China</u>↵
结果: Cahhnt

（18）输入字符串 1、字符串 2 以及插入位置 f，要求在字符串 1 中的指定位置 f 处插入字符串 2。

输入/输出示例：

输入字符串 1:<u>BEIJING </u>↵
输入字符串 2:<u>123</u>↵
插入位置:<u>3</u>↵
结果: BEI123JING

（19）编写一个子函数，计算 5 行 5 列的二维数组所有元素的平均值。在主函数中输入 5

行 5 列的一个矩阵，调用子函数计算平均值，并在主函数中输出。

输入/输出示例：

输入数据：
```
1 3 9 0 2↵
4 3 7 8 5↵
5 7 9 0 3↵
6 4 8 0 1↵
9 3 1 7 0↵
```
所有元素平均值：4.2

（20）编写一个子函数，将一个字符串按逆序重新存放。在主函数中输入和输出字符串。

输入/输出示例：

输入字符串:I am happy! ↵
转换后的字符串:!yppah ma I

（21）编写一个子函数，测试字符串的长度。在主函数中输入 10 个字符串，调用子函数测试字符串的长度，并将最长的一个字符串打印出来。

提示：可以用二维字符数组来存储 10 个字符串。

输入/输出示例：

输入字符串：
```
Water ↵
Pumpkin↵
Rice↵
Corn↵
Kangaroo↵
Strawberry↵
Blueberry↵
Garlic↵
Soy sauce↵
Onion↵
```
最长的字符串:Strawberry

（22）编写一个子函数，将输入数列按逆序重新存放。在主函数中输入原始数列，调用子函数处理完毕后，在主函数中输出。

输入/输出示例：

输入数列(输入 0 结束):7 8 9 1 2 3 0 ↵
转换后的数列: 3 2 1 9 8 7

（23）编写一个函数，分别统计字符串中英文字母、数字字符、空格以及其他字符的个数。在主函数中输入字符串，并调用该函数进行统计，最后输出统计的结果。

输入/输出示例：

输入字符串: I 12&9-a↵

结果：

英文字目：2
数字字符：3
空格：1
其他：2

实验三　指针的应用

一、实验目的

1. 理解变量地址和指针的概念
2. 掌握指针变量定义的方法
3. 掌握利用指针对变量和数组元素进行间接访问的方法
4. 掌握利用指针进行程序设计的基本方法和编程技巧
5. 掌握在 Visual C++ 集成环境中调试与指针相关程序的方法

二、实验内容

1. 改错题（在错误处划横线并改正）

（1）以下程序的功能是求 10 个数中的最大数，改正下列程序中的错误。

```cpp
#include<iostream.h>
#define N 10
int exchange(int x,int y)
{int *temp;
 if(x<y) {temp=x;x=y;y=temp;}
}
void main()
{int a[N],i;
 for(i=0;i<N;i++)
      cin>>a[i];
 for(i=1;i<N;i++)
    exchange(*a,*(a+i));
 cout<<a; }
```

（2）以下程序的功能是求两个数的最大公约数和最小公倍数，要求使用函数，改正下列程序中的错误。

```cpp
#include<iostream.h>
int gysgbs(int x,int y,int p,int q)
{int i;
 for(i=1;i<=x;i++)
    if(i%x==0&&i%y==0)
        *p=i;
 for(i=x;i<=x*y;i++)
    if(i%x==0&&i%y==0)
        *q=i;
}
void main()
{int m,n,max,min,*p,*q;
 *p=&max;*q=&min;
 cin>>m>>n;
 gysgbs(m,n,p,q);
 cout<<"最大公约数为: "<<max<<endl;
 cout<<"最小公倍数为: "<<min<<endl;}
```

（3）以下程序的功能是输入 10 个数，将其逆序存放并输出，要求使用指针，改正下列程序中的错误。

```
#define M 10
#include "iostream.h"
void main()
{
  int a[M],i,j,t;
  for(i=0;i<M;i++)
      cin>>a+i;
  i=j=0;
  while(i<j)
  { t=a+i;
   a+i=a+j;
   a+j=t; }
  for(i=0;i<M;i++)
     cout<<a+i;
}
```

（4）以下程序的功能是将字符串中的前导*号全部移到字符串的尾部。例如，字符串中的内容为：*******A*BC*DEF*G****，移动后，字符串中的内容应当是：A*BC*DEF*G***********，改正下列程序中的错误。

```
#include <stdio.h>
void fun(char a)
{char *p,*q;
 int n=0;
 p=a;
 while(*p=='*')
     {n++;p++;}
 q=a;
 while(*p!=0)
     (*q)++=(*p)++;
 while(n>0)
     {*q++="*";n--;}
 q='\0'; }
void main()
{ char s[10]="*******A*BC*DEF*G****";
  fun(s);
  printf("The string after moveing:\n");
  puts(s);
}
```

（5）以下程序的功能是将既在字符串 s 中出现，又在字符串 t 中出现的字符构成一个新的字符串放在 u 中。例如：当 s="ABBCDE"，t="BDFG"时，u 中的字符串为"BBD"。改正下列程序中的错误。

```
#include<stdio.h>
void fun (char *s, char *t, char *u)
{ int i, j, sl, tl;
  sl = strlen(s); tl = strlen(t);
  for (i=0; i<sl;i++)
  { for (j=0; j<tl;j++)
```

```
      if (*(s+i) == *(t+j)) continue;
    if (j>=tl)
      *u++ = *(s+i); }
  *u = '0'; }
void main()
{ char s[100], t[100], u[100];
  printf("Please enter string s:"); gets(s);
  printf("Please enter string t:"); scanf("%s", &t);
  fun(s, t, u);
  printf("The result is: %s\n", u); }
```

2. 填空题（在空白处填入适当内容，将程序补充完整，并上机调试）

（1）找出三个整数中的最小值并输出。

```
#include <iostream.h>
void main ()
{ int *a,*b,*c,num,x,y,z;
  a=&x; b=&y; c=&z;
  cout<<"输入 3 个整数: ";
  cin>>x>>y>>z;
  cout<<x<<" "<<y<<" "<<z;
  num=*a;
  if(*a>*b)____(1)____;
  if(____(2)____)num=*c;
  cout<<"最小整数: "<<num;
}
```

输入/输出示例：

输入 3 个整数:1 -1 3↵
最小整数:-1

（2）下列程序求 a 数组中所有素数之和，函数 isprime 用来判断 x 是否为素数。请将程序补充完整并上机调试运行。

```
#include "iostream.h"
void main()
{int i,a[10],*p=a,sum=0;
  ____(1)____;
 cout<<"Enter 10 num:\n";
 for(i=0;i<10;i++)
    cin>>a[i];
 for(i=0;i<10;i++)
 {  if(isprime(*p)==1)
    {cout<<*(a+i)<<" ";
    sum+=*(a+i);}
    ____(2)____;
 }
 cout<<endl<<"The sum="<<sum;
}
isprime(int x)
{ int i;
  for(i=2;i<=x/2;i++)
```

```
        if(x%i==0)return 0;
        (3)    ;
}
```

输入/输出示例:

```
Enter 10 num:
3 2 5 9 8 7 10 11 4 6↵
The sum=28
```

（3）统计字符串中大写字母、小写字母、空格以及数字字符的个数。

```
#include <stdio.h>
void main()
{ char s[100],*p=    (1)    ;
  int c[4]={0},i;
  gets(p);
  while(*    (2)    )
  { if(*p>='A'&&*p<='Z')c[0]++;
    else if(*p>='a'&&*p<='z') c[1]++;
    else if(*p>='0'&&*p<='9') c[2]++;
    else if(*p==' ') c[3]++;
        (3)    ; }
  for(i=0;i<4;i++)
    printf("%4d",c[i]);
}
```

输入/输出示例:

```
I 12&9-a↵
2
3
1
2
```

3. 编写程序（用指针方法处理）

（1）输入 3 个整数，按从大到小的顺序输出。

输入/输出示例:

```
输入 3 个整数:1  -1  3↵
结果:  3  1  -1
```

（2）写一个子函数，能将任意两个整型变量的值互换。在主函数中调用该子函数交换两个变量的值，并输出交换的结果。

输入/输出示例:

```
输入 2 个整数:1  -1 ↵
结果:  -1  1
```

（3）将一个字符串中从第 m 个字符开始的全部字符复制成另一个字符串。

输入/输出示例:

```
输入字串:I am a student ↵
输入 m:6↵
结果:a student
```

（4）编写子函数，找出 n 个数组成的数列中的最大数及其在数列中的位置。在主函数中输入原始数据，并调用子函数实现相应功能，返回主函数后输出结果。

输入/输出示例：

```
输入数据个数:10↵
输入数列:1 2 5 9 8 3 7 18 6 17 ↵
最大的数:18    在数列中的位置:8
```

（5）将一个字符串的首尾互换。

输入/输出示例：

```
输入字串:stud↵
互换后:duts
```

（6）设有一个数列，包含 10 个数，已按升序排好。编程实现从指定位置开始的 n 个数按逆序重新排列并输出新的完整数列。

输入/输出示例：

```
输入数列:2  4  6  8  10  12  14  16  18  20↵
输入指定位置:4↵
输入排序的数据个数:5↵
结果:2  4  6  16  14  12  10,8  18  20
```

程序调试——运行错误的判断与调试

纠正了程序中的所有语法错误之后，程序就可以在计算机上被执行了，但是，程序执行的结果可能不是用户所预期的。此时，初学者往往觉得，程序已经没有错误了，怎么得不到正确的结果呢？其实，在没有语法错误的情况下，也可能会发生让程序无法正确运行的逻辑错误。

一、运行错误的现象与分类

通常所说的运行错误有两种：一种是逻辑错误，即程序的实际运行结果与预期不符；另一种是未能被编译程序检查出来的程序设计上的错误，通常表现为输出信息混乱、程序异常终止、死循环等现象。相对于语法错误来说，运行错误的查找和定位更困难，语法错误可以由编译程序检查，尽管有时报告的出错信息和错误的实际原因之间有一定的差距，但总还可以作为错误检查的参考。而运行错误就不同了，很少或根本没有提示信息，只能靠程序员的经验和调试工具来判断错误的性质和位置。

1. 数据输入错误

数据输入错误不是因为程序的算法和结构有错，而是用户在输入数据时没有按照程序要求的数据进行正确输入所导致的。

（1）输入数据格式不正确。在程序要求从键盘输入数据时，scanf( )函数中格式符使用不当或者没有按照 scanf( )要求的格式输入数据，会导致运行结果错误。

例如：

```
#include<stdio.h>
void main()
{
```

```
    int x,y;
    scanf("%d,%d",&x,&y);
    printf("x=%d,y=%d\n",x,y);
}
```

当执行程序时输入"3"、"4"。

结果如图 4-1 所示。

可以看到，y 变量得不到正确的值（如何输入数据才是正确的？请读者思考。）

（2）输入数据不符合实际物理意义。

图 4-1　数据输入格式不正确

```
#include<stdio.h>
void main()
{
    int x,y,z;
    scanf("%d%d",&x,&y);
    z=x/y;
    printf("x=%d,y=%d,z=%d\n",x,y);
}
```

程序执行输入数据：3 0

运行时出现应用程序错误提示，由于出现了分母为 0 的情况，导致程序出错如图 4-2 所示。

图 4-2　输入数据不符合实际物理意义

2. 逻辑表达式使用错误

（1）区别"="和"=="。对于初学者来说，经常将"="和"=="弄混，"="是赋值语句，表示将某个值赋给一个变量，而"=="则表示是一种相等关系。"=="通常用在选择结构、循环结构中表示条件，从形式上看，位于()内，"="常用于给变量赋值，通常是一条语句。如果将"="用在条件判断中，就可能造成永真或者永假，导致条件失效。

（2）循环控制条件错误。循环控制中，控制条件对循环的控制起到了至关重要的作用，控制条件错误的原因是多样的，这里仅举其中的一种来说明问题，比如：

```
for(i=1;i<100;j++)
        …;
```

在这样的循环中，由于控制变量被误输入为 j，导致循环条件永远得不到满足，结果产生了死循环。

3. 变量没有初始值导致的错误

程序中定义的变量没有初始值常会引起运算结果的错误

```
#include<iostream.h>
void main()
```

```
{
    int i,sum;
    for(i=1;i<=100;i++)
        sum=sum+i;
    cout<<"sum="<<sum<<endl;
}
```

预期的结果是 5050，可是实际运行的结果如图 4-3 所示。

可以看到，结果明显不正确，分析程序发现，sum 变量在定义后没有赋值，导致了 sum 中原有的随机数参与了运算，产生了错误的结果。将 sum 变量在累加之前赋值为 0，则得到正确的结果如图 4-4 所示。

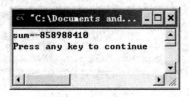

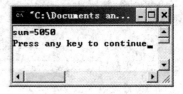

图 4-3　实际运行结束　　　　　　　　　　图 4-4　输出正确的结果

4. 语句位置与顺序错误

```
#include<iostream.h>
void main()
{
    int i,sum;
    for(i=1;i<=100;i++)
    {
        sum=0;
        sum=sum+i;
    }
    cout<<"sum="<<sum<<endl;
}
```

结果如图 4-5 所示。

分析发现，sum=0；放在循环之内，当程序执行每次循环的时候，都会将 sum 赋值为 0，与题意不符，导致了结果错误，因此 sum=0 需要放置在 for 循环的外面。

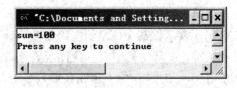

图 4-5　运行结果

5. 数据类型导致的错误

例　求 $1+1/2+1/3+1/4+\cdots+1/100$。

```
#include<iostream.h>
void main()
{
    int i,sum=0;
    for(i=1;i<=100;i++)
        sum=sum+1/i;
    cout<<"sum="<<sum<<endl;
}
```

结果如图 4-6 所示。

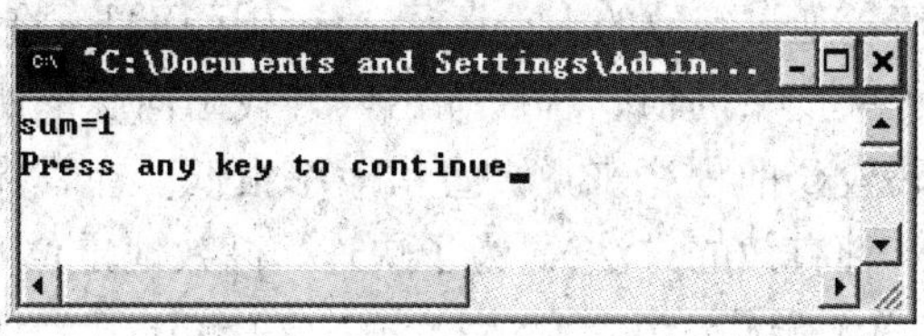

从结果可以看到，只有第一项 1 被累加。由于 i 变量定义为 int 类型，$1/i$ 运算是整除运算，导致了之后的 99 项全都运算成了 0。在 $1/i$ 这样的运算中，需要浮点运算，将程序中的 $1/i$ 改为 $1.0/i$，sum 变量定义为 float 数据类型，就可得到正确结果 sum=5.187 38。

图 4-6 数据类型导致的错误结果

6. 花括号位置错误

以矩阵形式输出一个二维数组

```cpp
#include<iostream.h>
void main()
{
    int a[3][3]={1,2,3,4,5,6,7,8,9};
    int i,j;
    for(i=0;i<3;i++)
        for(j=0;j<3;j++)
        cout<<a[i][j];
        cout<<endl;
}
```

结果如图 4-7 所示。

经过分析，发现问题出在 cout<<endl；这条语句的位置，正确的方式应该是在 i 循环之内，将程序改成

```cpp
#include<iostream.h>
void main()
{
    int a[3][3]={1,2,3,4,5,6,7,8,9};
    int i,j;
    for(i=0;i<3;i++)
    {
        for(j=0;j<3;j++)
        cout<<a[i][j];
        cout<<endl;
    }
}
```

得到正确的结果如图 4-8 所示。

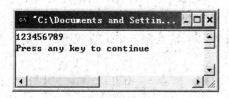

图 4-7 花括号位置错误结果

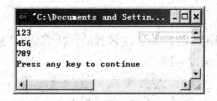

图 4-8 输出正确的结果

二、运行错误的查找与定位方法

相对编译和连接产生的语法错误来说，运行错误的查找和判断更困难，虽然，运行错误

可以通过细致的人工运行（人工运行即为将数据带入变量，逐条语句执行程序，记录运行过程中变量的值、程序输出等）找出问题的所在，但是，人工运行程序对一些循环较多、代码较长的程序来说，查错效率很低（在程序代码较少、结构简单的情况下，人工运行也是一种有效的方法）。为了快速、高效地定位和排除错误，常使用一些基本调试手段来完成程序的调试。

1. 标准数据验证

标准数据验证是调试工作的第一步，就是通过多组已知结果的标准数据对程序进行检验，通过观察和分析得到的结果可以初步判断错误产生的原因，这里要强调的是，标准数据的选取应该具有代表性和简洁性，这样容易对结果的正确性进行分析，另外，还要考虑临界数据的验证。比如判断一个数是否为素数的问题，可以使用1、2等数据来测试程序在临界情况下是否正确。

2. 分段检查

找出运行错误的方法之一是采取"分段检查"的方法。按照程序结构和执行的过程，可以将程序代码分成几个部分来检查。具体的做法是将程序中不做检查的部分，使用注释进行屏蔽，并在被检查的代码之后增加 cout 语句，输出有关变量的值，这样逐段往下检查，直至找到某段的数据不对为止。这样就把错误局限在这一段了，不断缩小"查错区"，就可能发现错误的所在。

3. 程序跟踪

程序跟踪是最重要的调试手段，基本原理类似于程序的人工运行，就是让程序逐句地执行，通过观察和分析程序执行过程中数据和流程的变化查找和定位错误。程序跟踪在缺乏调试工具开发环境的情况下，通常使用 getchar( )等函数来暂停程序执行，输出重要变量的值来掌握程序运行的情况，现在多数的集成开发环境（IDE）都提供实现程序跟踪功能的调试工具。

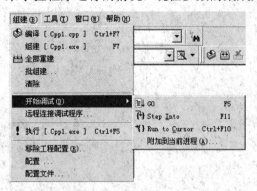

图 4-9　"开始调试"菜单

Visual C++ 6.0 提供了强大的程序跟踪调试工具，接下来就来看看如何使用 Visual C++ 6.0 的 Debug 工具。在组建菜单中，执行 [Cpp1.exe] Ctrl+F5 为连续运行程序，会将程序从头到尾一次运行完毕，中间不会停下来，想要让程序在运行到某条语句时停下来，就需要使用"开始调试"菜单项来运行，如图 4-9 所示。

（1）设置断点。其实，调试说到底就是在程序运行过程的某一阶段观测程序的状态。而在一般情况下程序是连续运行的，所以我们必须使程序在某一地点停下来，我们所做的第一项工作就是设立断点。

设置断点必须在调试开始之前，否则，使用 GO F5 运行效果和 执行 [Cpp1.exe] Ctrl+F5 一样，都不会在程序中间停下来。在程序编辑状态下，将光标定位在想让程序停下来的语句上，在 Debug 工具栏上选择"插入断点"工具按钮，如图 4-10

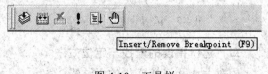

图 4-10　工具栏

所示，这样在语句前面就会出现一个红色的圆 ●，标识程序在调试运行时会在这里停下来。当程序在设立的断点处停下来时，可以利用各种工具观察程序当前的状态。

🔍 小贴士：如何清除断点

将光标停留在设定了断点的语句上，再次单击 🖰 按钮，就可以除去该断点，不过有时我们在一个程序中设置了多个断点，要想一次性清除全部的断点，可以选择"编辑"→"断点"菜单，打开 Breakpoints 对话框，单击"全部移除"按钮即可，操作快捷键是Ctrl+Shift+F9。

设置了断点，就可以进行程序的调试了。

（2）分步执行。分步调试无疑是最有效的方法，虽然比较费时间，但它可以使我们深入到程序中，观察程序的执行过程、执行中变量值的变化情况，使我们可以了解自己编程思路的不足之处。当文件编辑区已经打开程序时，选择"编译"下的"开始调试"子菜单命令，在弹出的级联子菜单中选择启动调试器运行方式。该子菜单的 4 个选项如下。

1）Go：从当前语句开始执行程序，直到遇到一个断点或程序结束。当用 Go 命令启动调试器时，程序是从头开始执行的。

2）Step Into：单步执行程序中的每一条语句，并在遇到函数调用时进入函数体内单步执行。

3）Run to Cursor：使程序在运行到当前光标所在位置时暂停。这相当于在当前光标处设置一个临时断点。

4）Attach to Process：将调试器于当前运行的某个进程联系起来，这样就可以跟踪进入进程内部，就像调试应用程序一样调试运行中的进程。

进入调试状态（见图 4-11）后，菜单栏上的"编译"菜单项会变成 Debug 菜单项。

主窗口出现"调试"工具栏，如图 4-12 所示。使用 Debug 菜单或者调试工具栏可以对程序进行调试。

Debug 菜单有 4 组命令。第一组各项命令用于启动或停止调试，功能如下：

Go：开始程序的执行或继续执行被中断（或暂停）的程序。

Restart：启动程序的执行，并使系统处于调试状态。

Stop Debugging：停止调试程序。

Break：中断程序的调试。

Apply Code Changes：接受程序代码的修改。

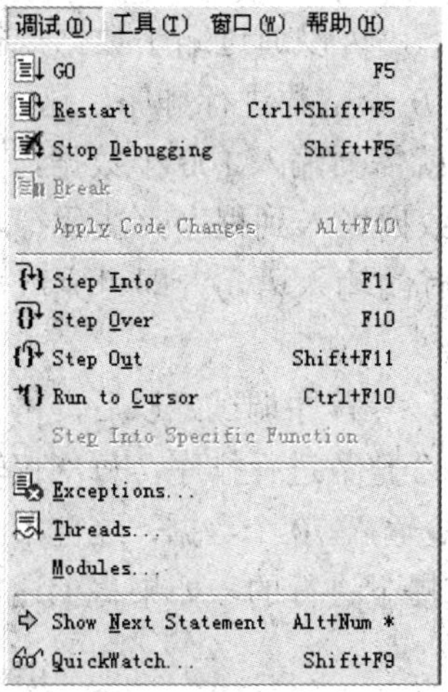

图 4-11 "调试"菜单

图 4-12 "调试"工具栏

第二组各项命令用于设置跟踪状态，功能如下：

Step Into：单步执行程序，即逐个语句执行；当调用函数时，进入该函数体内逐个语句执行。

Step Over：单步执行程序，把函数调用作为一步，即不进入函数体内跟踪。

Step Out：从被调用函数体内跳出，继续执行调用语句的下一条语句。

Run to Cursor：执行程序到当前光标处。

Step Into Specific Function：进入指定函数。

第三组各项命令提供一些高级调试工具，功能如下：

Exceptions：意外事件处理。

Threads：多线程处理。

Modules：当前程序使用的模块信息（名字、地址、路径）列表。

第四组各项命令用于观察当前程序执行时的状态，功能如下：

Show Next Statement：显示相关状态。

Quick Watch：添加观察变量或表达式。

（3）跟踪变量变化。在调试程序的过程中，当程序暂停执行时，需要观察目前状态下程序中某些变量和表达式的值，Visual C++提供了一系列窗口以显示相关的调试信息，帮助找出程序中存在的错误。调试窗口的显示和隐藏可通过右击工具栏的快捷菜单命令进行，也可借助"查看"菜单下的"调试窗口"子菜单访问。常用的调试窗口有 Quick Watch、Watch 和 Variables 窗口。开始调试应用程序时，Watch 和 Variables 两个窗口被自动地显示出来（默认情况下），编程者可以通过这两个窗口边分步执行程序，边观察变量的变化，直到发现出错的数据或者流程为止。

三、调试技巧

在调试过程中，除了掌握基本的调试手段之外，大家还需要积累一些调试的技巧，以便提高调试的效率。

1. 缩小数据规模

在程序执行过程中，有的程序需要从键盘输入数据，如果数据量比较大，在调试过程中每次输入大量的数据会降低程序调试的效率。在这种情况下，可以通过缩小数据规模甚至在程序中初始化来避免多次输入数据。比如，需要编程对 10 个整数进行排序，这 10 个数据在调试的时候如果每次都要从键盘输入，则调试 10 次，就需要输入 100 个数据，大大降低了调试的效率，因此，在调试的时候，先利用初始化将数据嵌入到程序，注释掉输入语句，等程序调试完成后，再将初始化的数据去掉，恢复原有的输入语句，即可完成程序的调试。

除了利用初始化方法之外，也可以在调试的时候减少数据，等程序调试好以后，再恢复原有的数据量，仍以上述排序为例，将数据改为 3 个，即对 3 个整数进行排序，每次仅输入 3 个数，如果按照 10 次调试来计算，比原有 10 个数的时候要少输入 70 个数据，这也不失为一种好的方法。注意，数据规模缩小是要在满足程序要求的前提下进行的，如果将上述排序的程序数据改为两个，就有可能无法测试出程序中的问题了。

2. 减少循环次数

在调试过程中，有可能将断点设置在循环内部，如果循环次数比较多，我们在调试过程中就会陷入程序在每次运行到断点都要停下来等待的困境中，针对这种情况，在调试中，可以考虑将循环次数减少到最少，等程序调试成功后再恢复循环次数。同样需要注意的是，循环的次数必须能够反映程序中的问题和满足实际的情况。

3. 屏蔽次要代码

在一个程序中，并不是所有语句都会对结果造成影响，这时，可以先将不重要的代码段通过注释的方法屏蔽掉，待调试完成后，再恢复这些代码。此方法同样适用于语法错误的查找和定位。

普通高等教育"十二五"系列教材

C++程序设计学习与实验指导

第五章　构造数据类型实验

实验一　结　构　体

一、实验目的

1. 理解结构体类型的含义；掌握结构体类型变量的定义方法和使用
2. 理解结构体与数组的区别；掌握结构体类型数组的概念、定义和使用方法
3. 掌握链表的概念，初步学会对链表进行操作，包括建立链表、输出链表

二、实验内容

（1）编写程序，输入某天的日期，计算某天在本年中是第几天。

输入/输出示例：

请输入年月日：
2010 6 1
2010 年 6 月 1 日是本年的第 152 天

【分析】 定义一个数组 Month[13]，存放对应下标月份的天数，如 Month[1]为 31，Month[2]为 28，但是二月需要考虑闰年的情况，如为闰年，则 Month[2]为 29。定义用来存放建立包含年、月、日的结构体的变量，输入变量后进行计算，然后按照格式输出。

【思考】 在此题目的基础上，可以修改程序，进一步地计算某年某月某日是星期几。

（2）定义一个结构体数组，其成员包括序号、姓名、性别、工资。为该结构体数组赋值，并且将其按照关键字（工资）排成升序。

输入/输出示例：

输入员工个数：5
输入第 1 个员工序号、姓名、性别、工资：1 张三　M　1200
输入第 2 个员工序号、姓名、性别、工资：2 李四　F　　1000
……

序号	姓名	性别	工资
4	王五	F	1250
1	张三	M	1200

……

【分析】 定义一个结构体如下：

```
struct  worker
{    int num ;
     char name[10];
     char sex ;
     float salary ;
}
```

定义上述结构体数组，数组长度足够，首先输入员工人数（小于等于数组长度），然后逐个输入结构体数组数据。根据 salary 成员对结构体数组进行排序，排序完成后按照格式要求进行输出即可。

【思考】 可以对照使用多个数组实现本问题的程序，体会使用结构体的优点。

（3）编写程序：建立一个学生数据链表，每个结点信息包括如下内容：学号、姓名和年龄。对该链表作如下处理：输入一个学号，如果链表的结点中包含该学号，则将此结点删去（最多只有一个节点）。

【分析】 所谓链表，就是用一组任意的存储单元存储线性表元素的一种数据结构。链表又分为单链表、双向链表和循环链表等。这里只介绍单链表。所谓单链表，是指数据结点是单向排列的。一个单链表结点，其结构类型分为两部分：

（1）数据域：用来存储本身的数据。

（2）链域或称为指针域：用来存储下一个结点地址或者说指向其直接后继的指针。

例：

```
typedef struct node
{
int No;
char name[20];
int age;
struct node *link;
}stud;
```

这样就定义了一个单链表的结构，其中"int No；char name[20]；"等是一个用来存储学生数据的成员，指针*link 是一个用来存储其直接后继的指针。

定义好了链表的结构之后，只要在程序运行时向数据域中存储适当的数据，如有后继结点，则把链域指向其直接后继；若没有，则置为 NULL。

以下为一个建立带表头的单链表的参考程序。

```
#include <stdio.h>
#include <malloc.h>                    /*包含动态内存分配函数的头文件*/
#define N 10                           /* N 为人数*/
typedef struct node
{
    char name[20];
    struct node *link;
}stud;
stud * creat(int n)                    /*建立单链表的函数,形参 n 为人数*/
{
    stud *p,*h,*s;
    /* *h 保存表头结点的指针,*p 指向当前结点的前一个结点,*s 指向当前结点*/
    int i;                                          /*计数器*/
    if((h=(stud *)malloc(sizeof(stud)))==NULL)      /*分配空间并检测*/
    {
        printf("不能分配内存空间!");
    }
    h->name[0]='\0';                   /*把表头结点的数据域置空*/
    h->link=NULL;                      /*把表头结点的链域置空*/
    p=h;                               /*p 指向表头结点*/
    for(i=0;i<n;i++)
    {
        if((s= (stud *) malloc(sizeof(stud)))==NULL)   /*分配新存储空间并检测*/
```

```
        {
            printf("不能分配内存空间!");
        }
        p->link=s;
```
/*把 s 的地址赋给 p 所指向的结点的链域,这样
就把 p 和 s 所指向的结点连接起来了*/

```
        printf("请输入第%d 个人的姓名",i);
        scanf("%s",s->name);
        /*在当前结点 s 的数据域中存储姓名*/
        s->link=NULL;
        p=s;
    }
    return(h);
}
void main()
{
    int number;
    stud *head;
    number=N;
    head=creat(number);
}
```
/*保存人数的变量*/
/*head 是保存单链表的表头结点地址的指针*/

/*把所新建的单链表表头地址赋给 head*/

实验二 共 用 体

一、实验目的
了解共用体的概念与使用。

二、实验内容
输入和运行以下程序

```
#include<stdio.h>
union data
{int i[2];
float a;
long b;
char c[4];
}u;
void main ( )
{scanf("%d,%d",&u.i[0],&u.i[1]);
printf("i[0]=%d,i[1]=%da=%fb=%ldc[0]=%c,c[1]=%c,c[2]=%c,c[3]=%c",
u.i[0],u.i[1],u.a,u.b,u.c[0],u.c[1],u.c[2],u.c[3]);
}
```

输入两个整数 10000、20000 给 u.i[0]和 u.i[l],分析运行结果。

然后将 scanf 语句改为

```
scanf("%ld",&u.b);
```

输入 60000 给 b,分析运行结果。

再输入 "97",分析运行结果。

第六章　综合、设计型实验

实验一　一　维　数　组

一、实验目的
1. 进一步熟悉对一维数组的操作
2. 掌握数组作函数参数的用法

二、实验内容

（1）对长度为 n 的一维数组，进行循环向左移动 m 位，n 和 m 的值在主函数中由键盘输入。

输入/输出示例：

输入数据个数(n):5
输入 n 个数:1 2 3 4 5
输入循环左移的位数(m):3
移位后数组变成:4 5 1 2 3

【分析】　移动的过程可以分为三步：首先将前 m 个数移出，存到另外的一个数组中，腾出前 m 个位置，再将剩余的 $n–m$ 个数依次向左移动 m 位，最后将之前移出的 m 个数放置到最后 m 个位置上。

（2）编写函数，对两个无序的一维数组 a、b 进行合并，构成一个升序数组 c。

输入/输出示例：

输入第一个数组的长度:4
输入第一个数组的数据:6 8 5 2
输入第二个数组的长度:3
输入第二个数组的数据:7 3 1
合并后的升序数组是:1 2 3 5 6 7 8

【分析】　可以先将两个数组合并成一个数组，再对合并后的数组进行升序排列。

题目要求用函数实现，考虑子函数需要定义哪些参数：一维数组 a、数组 a 的长度、一维数组 b、数组 b 的长度、一维数组 c。其中前四个参数作为函数的原始数据，是要合并的数组以及它们的长度；最后一个参数是函数的处理结果，用来存放合并后的有序数列。因为数组作形参可以将处理结果带回到主函数中，所以函数返回值类型是 void。

（3）编写函数，对两个升序的一维数组 a、b 进行合并，构成一个有序数组 c。

输入/输出示例：

输入第一个数组的长度:4
输入第一个数组的数据(升序):2 4 6 7
输入第二个数组的长度:4
输入第二个数组的数据(升序):1 5 8 9
合并后的升序数组是:1 2 4 5 6 7 8 9

【分析】　本题可以采用前一题的方法，先合并两个数组再排序，不过，由于两个原始数组本身就是排好序的，可以考虑按大小顺序把它们放到新数组中，不再另外排序。

设置两个变量 i 和 j，分别记录 a 数组和 b 数组中下一个要放入 c 数组的元素下标，它们的初值都为 0。每次往 c 数组放入数据时，都要比较一下当前 $a[i]$ 和 $b[j]$ 的大小，如果 $a[i]$ 比较小，则将 $a[i]$ 放到 c 数组中，并且 i 值加 1，指向下一个要放入的元素；如果 $b[j]$ 比较小，则将 $b[j]$ 放到 c 数组中，并且 j 值加 1。在放数的过程中还要考虑到当其中一个数组的元素都已经放到 c 数组时，就不再进行比较，直接把另一个数组剩下的元素依次放到 c 数组中就可以了。

（4）编写函数，对给定的两个一维数组 a、b，求 a、b 中的公共元素，将公共元素放在数组 a 中。

输入/输出示例：

输入第一个数组的长度：<u>4</u>
输入第一个数组的数据：<u>2 4 2 3</u>
输入第二个数组的长度：<u>3</u>
输入第二个数组的数据：<u>1 2 3</u>
两个数组的公共元素是：2 3

【分析】 要找出两个数组所共有的元素，可以以其中一个数组为准，针对该数组中的每个元素查找另一个数组中是否存在相同的元素，如果存在，这个元素就是公共元素，否则，就不是公共元素。

现在题目要求将公共元素仍放在 a 数组中，所以以 a 数组为准比较方便。设置一个变量 k，记录公共元素的个数，初值为 0，以后每放入一个公共元素，k 值加 1。

两个数组公共元素的个数不是固定的，函数需要将公共元素的个数（即 k 的值）返回给主函数，因此函数的返回值类型要定义成 int 型。

另外，还要考虑如果 a 数组中存在重复数据，而这个重复数据恰巧也在 b 数组中出现过，那它会被重复记入公共元素。如何避免这个问题呢？找到一个公共元素后，在把它放到 a 数组之前，查找一下目前找到公共元素中是否已有这个数，如果没有，则将这个数作为公共元素放入 a；如果已经有了，则不再放入。

为了方便编程，程序中可以再增加一个函数，用来判断一个数是否在一个数组中出现过。

实验二 二 维 数 组

一、实验目的

1. 进一步熟悉对二维数组的操作
2. 根据给定的算法编写程序

二、实验内容

1. 已知两个矩阵 A 和 B 如下，编一个程序计算两个矩阵的和以及两个矩阵的乘积。

$$A=\begin{pmatrix} 7 & -5 & 3 \\ 2 & 8 & -6 \\ 1 & -4 & -2 \end{pmatrix}, \quad B=\begin{pmatrix} 3 & 6 & -9 \\ 2 & -8 & 3 \\ 5 & -2 & -7 \end{pmatrix}$$

【分析】 两个矩阵相加减，要求这两个矩阵的行数和列数都要相同。矩阵相加减，就是对应元素相加减。

两个矩阵相乘，要求第一个矩阵的列数等于第二个矩阵的行数，比如第一个矩阵 A 的大小是 $m*n$，那么第二个矩阵 B 的大小可以是 $n*k$，相乘后得到矩阵 C 的大小就是 $m*k$。C 矩阵中第 i 行第 j 列的元素大小是 A 矩阵中第 i 行的 k 个元素和 B 矩阵中第 j 列的 k 个元素对应元素的乘积之和，

$$c_{ij} = a_{i0} * b_{0j} + a_{i1} * b_{1j} + \cdots + a_{i(n-1)} * b_{(n-1)j}$$

题目中给出的矩阵 A、B 都是 3 行 3 列的矩阵，满足矩阵相加和相乘的要求。

2. 编写程序，构造如图 6-1 所示的 n 阶螺旋方阵，并输出。其中，n 值从键盘输入。

输入/输出示例：

输入 n 值:4
4 阶螺旋矩阵是
```
 1   2   3   4
12  13  14   5
11  16  15   6
10   9   8   7
```

```
 1   2   3   4   5
16  17  18  19   6
15  24  25  20   7
14  23  22  21   8
13  12  11  10   9
```

	0	1	2	3	4
0	1	2	3	4	5
1	16	17	18	19	6
2	15	24	25	20	7
3	14	23	22	21	8
4	13	12	11	10	9

图 6-1　螺旋方阵

【分析】 对于一个 n 阶螺旋方阵，可以将它看作由 $(n+1)/2$ 层数据构成，如图 6-1 中的 5 阶螺旋方阵由 3 层数据构成，每层都有四条边，每层的数据都按照顺时针方向依次加 1。可以设置一个循环，一共循环 $(n+1)/2$ 次，每次循环给四条边上的元素赋值。

3. 将自然数 $1 \sim n^2$ 的数字排列成 n 行 n 列的方阵，使每行、每列以及主对角线和次对角线上的 n 个数的和都相等，这样的方阵称为 n 阶魔方。

经过历代数学家的研究，奇数阶的魔方矩阵生成算法比较成熟也比较简单，偶数阶的魔方矩阵（见图 6-2）生成算法比较复杂。这里只研究奇数阶魔方矩阵的生成算法。

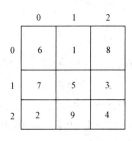

	0	1	2
0	6	1	8
1	7	5	3
2	2	9	4

图 6-2　魔方矩阵

奇数阶魔方矩阵的生成算法描述如下：

（1）先将 1 放入魔方矩阵最上面一行的中间，即（0, $n/2$）的位置。

（2）后一个数放在前一个数所在的对角线上，并且处于前一个数的上方。如果前一个数的位置是（i_1, j_1），则后一个数放入的位置（i, j）是

对于 45° 对角线 $i = i_1 - 1$，$j = j_1 + 1$

对于 -45° 对角线 $i = i_1 - 1$，$j = j_1 - 1$

两条对角线任取一条即可。

（3）如果上一步计算的位置下标出界，则出界的值用 $n-1$ 代替，即如果 $i_1 - 1 < 0$，则 $i = n - 1$；如果 $j_1 - 1 < 0$，则 $j = n - 1$。

（4）如果计算的位置虽然没有出界，但是已经放入数据了，则数据要放在它的前一个数的下面位置，即 $i = i_1 - 1$；$j = j_1$。

（5）重复 2～4 步，直到将 $n*n$ 个数放完，即可形成奇数阶魔方矩阵。

编写程序生成 n 阶魔方矩阵，其中 n 的值由键盘输入。

输入/输出示例：

输入 n 值（奇数）:5

5 阶魔方矩阵是

```
15   8   1  24  17
16  14   7   5  23
22  20  13   6   4
 3  21  19  12  10
 9   2  25  18  11
```

【分析】 根据算法描述可知，程序的任务就是将 $1 \sim n*n$ 这些数据依次放到矩阵中，已知第一个数放入的位置，以后每一个数的位置都可以通过前一个数的位置得到。放数的过程可以通过一个循环来实现，一共循环 $n*n$ 次，每次循环放入一个数据，并且计算下一个数要放置的位置。

实验三　绘　制　图　形

一、实验目的

1. 掌握用程序绘制图形的方法
2. 灵活运用循环语句以及循环的嵌套

二、实验内容

（1）编写程序输出边长为 n 的空心正六边形（见图 6-3），其边由"*"组成，边长 n 由用户输入。

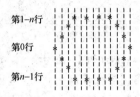

图 6-3　空心正六边形

输入/输出示例：

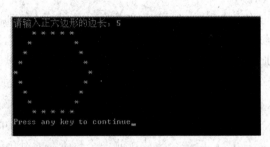

【分析】 正六边形是上下左右对称的。竖直方上，以中间最宽的那一行为中轴线，上面的 $n-1$ 行和下面的 $n-1$ 行是对称的。将中间的那行看作第 0 行，向上的行号依次减 1，向下的行号依次加 1，整个图形一共占用 $2n-1$ 行。输出每一行时，①先输出空格，每行一开始的空格数是该行行号（ k ）的绝对值（ $|k|$ ）；②输出完空格之后，输出该行第一个星花；③如果是最上面一行或是最下面一行，要继续输出 $n-1$ 个星花，为了保证星花分布均衡，输出每个星花之前要先输出一个空格；如果不是最上面一行或最下面一行，要再次输出连续的空格，输完空格之后，输出一个星花。第 0 行上两个星花之间的空格数是 $n+2*(n-1)+(n-1)-2=4*n-5$ ，第 k 行上两个星花之间的空格数就是 $4*n-5-2*|k|$ 。

（2）编写程序在屏幕上输出一个由"*"围成的空心圆（见图 6-4），其中半径 r 由用户输入。

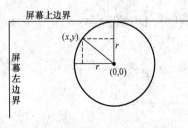

图 6-4　空心圆

输入/输出示例：

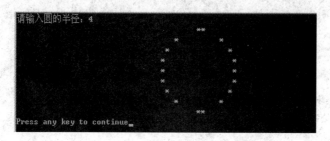

【分析】 由于屏幕是 25 行×80 列的,可以将圆心定在屏幕中心第 40 列的位置,保证圆在屏幕中心显示。设圆半径为 r,整个图形在屏幕上所占的行数就是 $2*r+1$。设圆心坐标是(0,0),圆周上点的纵坐标 y 的取值范围是 $-r\sim r$。已知 y 的值,利用圆的公式 $x^2+y^2=r^2$,可求出对应的 x 的值,然后用对称性求出右侧对应点的坐标。

程序中可设置一个循环,一共循环 $2*r+1$ 次,每次循环输出一行。输出每行时,先输出前面的空格,再输出第一个星花,接着继续输出空格,然后输出第二个星花,空格数可由求出的 x 坐标算出。

由于计算出的 x 值是小数,而空格数只能取整数值,所以存在误差,为了使画出的图形更接近圆,可以对小数进行四舍五入,而不是将小数部分完全舍掉。

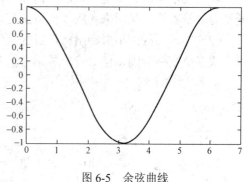

另外,需要注意输出屏幕的行间距和列间距不相等,竖直方向上一行的高度近似等于水平方向上两列的宽度。

(3)编写程序在屏幕上用"*"横向显示 0~360°的 $\cos x$ 曲线,如图 6-5 所示。

图 6-5 余弦曲线

输入/输出示例:

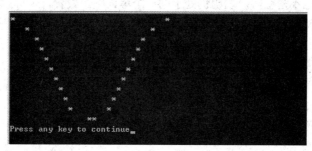

【分析】 输出余弦曲线与前一题中输出空心圆类似,因为它们都是左右对称的,而且每行都有两个星花。输出的时候仍然是逐行输出,本题的关键是确定空格的个数。

为了简单起见,固定图形的高度是 11 行,宽度是 33 列。将中间的一行设为第 0 行,那么从最上面一行到最下面一行的行号是从 5~-5,依次减 1。利用反余弦函数可以计算每行对应的 x 值:$x=a\cos(y/5.0)$。

0~360°的 $\cos x$ 曲线在水平方向的长度是 $2\pi\approx6.28$,输出的时候宽度设为 33 列,水平方向上的坐标大致放大了 5 倍。所以在通过 x 确定每行的空格数时,也要将 x 放大 5 倍。

实验四 字 符 串 处 理

一、实验目的
1. 进一步熟悉对字符串的操作
2. 掌握在一个字符串中统计单词、查找单词的方法

二、实验内容
（1）编写一个函数 fun，它的功能是删除字符串中的数字字符。

输入/输出示例：

请输入字符串:08China2008
删除数字字符后为:China

【分析】 逐个访问字符串中的每个字符，如果该字符是数字字符，则将它后面的所有字符包括字符串结束标志'\0'都往前移一位，达到删除它的目的。

题目要求用函数实现此功能，需要考虑将数组作为形参。子函数定义一个形参数组，它既作为原始数据，又用来存放子函数的处理结果。

（2）输入一行由字母和空格组成的字符串，统计该字符串中的单词个数，设单词之间用一个或多个空格分隔，但第一个单词之前和最后一个单词之后可能没有空格。

输入/输出示例：

请输入一行字符串:
How are you
字符串中单词的个数为:3

【分析】 在一个字符串中，除了第一个单词之前可能没有空格之外，其他单词之前都有空格，因此，前一个字符是空格，后一个字符不是空格，表明一个单词的开始；前一个字符不是空格，后一个字符也不是空格，表明仍处于同一个单词中。设置一个标志变量 word，依次访问字符串中的每个字符，如果字符是空格，word 为 0；如果字符不是空格，则 word 为 1。当 word 由 0 变成 1 时，表示一个单词出现，单词数要加 1。为了统计第一个单词，可将 word 的初值设为 0。

由于输入的字符串中会包含空格，所以输入字符串要用 gets 函数，gets 函数会将按 Enter 键前输入的所有字符作为一个字符串放到字符数组中。

（3）输入一行字符串，统计该字符串中指定单词出现的次数。

输入/输出示例：

请输入一行字符串:
ababac
请输入要查找的单词:
abac
单词在字符串中出现的次数为:1

【分析】 依次访问字符串中的每个字符，如果该字符正好是单词的第一个字符，就要判断以这个字符为首的后面几个字符是否构成指定的单词：比较第二个字符是否相等，第三个字符是否相等，……，如果每个字符都和单词对应字符相等，表示单词出现了一次；如果中间有不相等的字符，表明构不成指定的单词，就要访问下一个字符了。

实验五 进 制 转 换

一、实验目的

1. 学会用程序实现进制之间的转换
2. 掌握将各种进制转换组合在一起的处理方式
3. 体会函数在程序设计中的作用

二、实验内容

二进制、八进制、十进制和十六进制是计算机中经常使用的进制，编写一个程序实现这4 种进制中任意两种进制的转换。无论输入的是什么进制的数据，都可以转换成其他的任何一种进制。

输入/输出示例：

输入原进制：2
输入要转换的数：1010
输入目标进制：16
转换结果：a

【分析】 为了编程方便，无论是哪两种进制进行转换，都以十进制作为中介，先将要转换的数转为十进制，再将十进制数转为目标进制，并且每个过程的转换都用函数实现。

要转换的数据以字符串形式输入，转换后的数据也以字符串形式输出。其他进制转成十进制采用"乘权相加"法；十进制转成其他进制采用"除基取余"法。

实验六 大 整 数 的 数 学 运 算

一、实验目的

1. 掌握大整数的加、减、乘法运算的实现方法
2. 练习使用大整数的运算

二、实验内容

C++语言中的整数类型和长整数类型能表示的数值范围是$-2^{31} \sim 2^{31}-1$，无符号整型能表示的范围是 $0 \sim 2^{32}-1$，即 $0 \sim 4\ 294\ 967\ 295$，也就是说，无论是整型还是长整型，都不能处理超过 10 位的整数。但是在实际的程序设计中，经常会遇到远远超过 10 位的整数计算问题。例如，13 的阶乘已经超过无符号长整型的表示范围，第 45 项以后的 Fibonacci 级数也超过长整型的表示范围。在现代科学与工程计算中，大整数的使用和计算是非常普遍的问题，如人类基因数据的处理、大型工程仿真计算等。

（1）编写程序实现大整数的加法运算。

输入/输出示例：

输入第一个加数：
111111111111
输入第二个加数：
999999999999
两数之和为
1111111111110

【分析】 无论是对大整数进行什么样的计算，首先要解决的是大整数的表示问题，既然大整数是现有的长整数都无法表示的数，那么自然可以想到，使用数组来表示大整数。可以用一个字符数组来表示大整数（见图6-6），每个数组元素代表大整数中的一位，数组元素的值最大是'9'。例如：

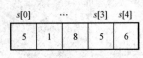

图 6-6 大整数表示

在图 6-6 的表示中，整数的值实际上是：$5×10^4+1×10^3+8×10^2+5×10^1+6=51\ 856$。注意，其中 $s[0]$ 表示数的最高位，$s[4]$ 表示数的最低位。下标值越大，代表的位数越低。

大整数加法的基本思路是模拟手工进行的竖式加法运算，如图 6-7 所示。例如，竖式加法有两个特点：一个是对应位相加；另一个是逢十进一。

在算法实现过程中需要考虑以下几个问题：

1）由于是用字符数组表示大整数，在进行加法运算之前，要先将数字字符转变成相应的整数值才能进行运算。

$$
\begin{array}{r}
8\ 8\ 8\ 8 \\
+\ 6\ 6\ 6\ 6 \\
\hline
1\ 5\ 5\ 5\ 4
\end{array}
$$

图 6-7 竖式加法运算

2）用字符数组表示大整数时，习惯上用 $s[0]$ 表示最高位，$s[1]$ 表示次高位，$s[n-1]$ 表示个位，在加法运算中，如果最高位有进位，将不容易表示。因此在进行运算之前，要先对数组进行逆序排列，使 $s[0]$ 表示个位，$s[n-1]$ 表示最高位，如果 $s[n-1]$ 上有进位，则进到 $s[n]$ 上。

3）加法运算的过程可以用循环来实现，循环次数是两个操作数位数的最大值，每次循环进行一位的加法运算。

4）计算结束后，要将计算得到的数值转换成数字字符，并再次进行逆序排列，以方便输出。

（2）编写程序实现大整数的减法运算。

输入/输出示例：

输入被减数：

<u>22222222222222</u>

输入减数：

<u>33333333333333</u>

两数之差为

<u>-11111111111111</u>

【分析】 减法的算法思路也是模拟人们进行减法运算的思路，如果对应位的被减数大于减数，则直接相减；否则需要向高位借位。

如果被减数 a 整体小于减数 b，结果是负数，此时实际执行的是 $b-a$，所以在实现时要考虑被减数和减数的大小。

（3）编写程序实现大整数的乘法运算。

输入/输出示例：

输入被乘数：

<u>111111111111</u>

输入乘数：

<u>999999999999</u>

两数之积为

<u>111111111110888888888889</u>

【分析】 算法的总体思路与手工竖式乘法运算相同。

在实现上面的乘法运算时需要注意：

1）被乘数的第 i 位与乘数的第 j 位相乘，结果在第 $i+j$ 位上。

2）相乘的同时进行累加。将被乘数的第 i 位与乘数的第 j 位的乘积累加到第 $i+j$ 位上，如果有进位，处理进位。各位都乘完即可得到结果。

3）要使用一个双重循环实现各位数相乘。

（4）编程计算 1~50 之间每个数的阶乘。

【分析】 阶乘的计算公式为 $n! = n \times (n-1)!$，用 f_{n-1} 表示 $(n-1)!$，则该公式表示为 $f_n = n \times f_{(n-1)}$，其中 $f_1 = 1$

在计算过程中 f_{n-1} 和 f_n 会超出整型数的表示范围，因此要用大整数的表示方式，用字符数组表示它们。对于整数 n，分离出每位上的数字，分离完以后再与 f_{n-1} 进行运算。为了编程方便，可以用函数实现 $f_n = n \times f_{n-1}$。

		8	8	8	8	（各位相乘）
	×	5	5	5	5	
	4	4	4	4	0	
4	4	4	4	0		（相乘过程中进行累加）
4	4	4	4	0		
4	9	3	2	8	4	0

图 6-8　手工竖式乘法运算

实验七 枚 举 法

一、实验目的

1. 掌握枚举法的算法思想与实现方法

2. 学会将实际问题抽象为逻辑关系

二、实验内容

（1）两个乒乓球队进行比赛，各出三人。甲队为 A、B、C 三人，乙队为 x、y、z 三人，已抽签决定比赛名单，有人向队员打听比赛的名单，A 说他不和 x 比，C 说他不和 x、z 比，请编程序找出三对赛手的名单。

【分析】 由题意可知，A、B、C 三人的对手各不相同，他们分别是 x、y、z 中的一个；而且 A 的对手不是 x，C 的对手不是 x、z。本题可以采用枚举法，枚举法是一种重复型的算法，它的基本思想是对问题的所有可能状态逐一进行测试，直到找出满足条件的状态或将全部状态都测试过为止。枚举 A 的对手分别是 x、y、z，B 的对手分别是 x、y、z，C 的对手也分别是 x、y、z，在这么多情况中，找出满足其中条件的情况。

枚举法通常可用循环实现，对 A、B、C 三人的对手分别进行枚举，要用三重循环，假设 A、B、C 的对手分别是 i、j、k，它们作为循环控制变量，初值是'x'，终值是'z'，i 的循环在最外层，k 的循环在最里层，形成一个套一个的嵌套关系。

```
for(i='x';i<='z';i++)
    for(j='x';j<='z';j++)
        for(k='x';k<='z';k++)
        {
            //循环体
        }
```

（2）有 4 名同学中的一名做了好事，不留名，表扬信来了之后，校长问这 4 名同学是谁做的好事。

  A 说：不是我。

  B 说：是 *C*。

  C 说：是 *D*。

  D 说：*C* 胡说。

  已知 3 个人说的是真话，1 个人说的是假话。现在要根据这些信息，找出做了好事的人。

  【分析】 用变量 *n* 表示做好事的同学，*n* 值是 1，表示 *A* 做的好事；*n* 值是 2，表示 *B* 做的好事；同理，*n* 值取 3 或 4 时，表示 *C* 或 *D* 做的好事。

  这样 4 个人所说的话写成表达式就是

```
As=(n!=1);
Bs=(n==3);
Cs=(n==4);
Ds=(n!=4);
```

  题目中说 3 个人说的是真话，一个人说的是假话，也就是说，程序中的判定条件为

if(As+Bs+Cs+Ds==3)

  枚举 *n* 的值从 1~4，其中满足条件的 *n* 值即为所求。

  （3）某地刑侦大队对涉及 6 个嫌疑人的一桩疑案进行分析：

  1）*A*、*B* 至少有 1 人作案。

  2）*A*、*E*、*F* 3 人至少有两人参与作案。

  3）*A*、*D* 不可能是同案犯。

  4）*B*、*C* 或同时作案，或与本案无关。

  5）*C*、*D* 中有且仅有 1 人作案。

  6）如果 *D* 没有参与作案，则 *E* 也不可能参与作案。

  试编写程序，将作案人找出来。

  【分析】 1）用 *a*、*b*、*c*、*d*、*e*、*f* 6 个变量分别表示 *A*、*B*、*C*、*D*、*E*、*F* 是否作案，值为 0 表示没有作案，值为 1 表示参与作案。

  2）用 cc1、cc2、cc3、cc4、cc5、cc6 分别表示第 1~第 6 条的案情，把它们用逻辑表达式表示出来：

  ①*A* 和 *B* 至少有 1 人作案：要么是 *A* 作案了，要么是 *B* 作案了，两种情况都有可能，用逻辑或运算。

```
cc1=a||b
```

  ②*A*、*E*、*F* 3 人至少有两人参与作案：要么是 *A*、*E* 两人参与作案，要么是 *A*、*F* 两人参与作案，再不然就是 *E*、*F* 两人参与作案，两个人同时作案用逻辑与运算表示，三种情况都有可能，用逻辑或运算。

```
cc2=(a&&e)||(a&&f)||(e&&f)
```

  ③*A*、*D* 不可能是同案犯：*A*、*D* 是同案犯用 a&&d 表示，*A*、*D* 不可能是同案犯就是!(a&&d)，用逻辑非运算。

```
cc3=!(a&&d)
```

④*B*、*C* 或同时作案，或与本案无关：*B*、*C* 同时作案用 b&&c 表示，*B*、*C* 都与本案无关用!b&&!c 表示，两种情况都有可能，用逻辑或运算。

cc4=(b&&c)||(!b&&!c)

⑤*C*、*D* 中有且仅有 1 人作案：要么是 *C* 作案而 *D* 没有作案，要么是 *D* 作案而 *C* 没有作案，用逻辑或运算。

cc5=(c&&!d)||(!c&&d)

⑥如果 *D* 没有参与作案，则 *E* 也不可能参与作案：*D* 没有参与作案，而 *E* 参与作案了，这种情况是不存在的，用逻辑非运算。

cc6=!(!d&&e)

3）采用枚举法。每个人都有作案和没作案两种可能，*a*、*b*、*c*、*d*、*e*、*f* 中每个变量的值可能是 0，也可能是 1，一共有 2^6 种情况。枚举法的思路就是将这 64 种情况逐一进行测试，看看哪种情况下 6 条案情都符合（cc1，…，cc6 的值都是 1），那么这种情况就是侦查结果。

要枚举 64 种情况，也就是让 *abcdef* 的取值从 000 000 变到 111 111，可以用循环来实现，采用 6 重循环，循环控制变量分别是 *a*、*b*、*c*、*d*、*e*、*f*，初值是 0，终值是 1，*a* 循环在最外层，*f* 循环在最里层，形成一个套一个的嵌套关系。

（4）我国有 4 大淡水湖。

A 说：洞庭湖最大，洪泽湖最小，鄱阳湖第三。

B 说：洪泽湖最大，洞庭湖最小，鄱阳湖第二，太湖第三。

C 说：洪泽湖最小，洞庭湖第三。

D 说：鄱阳湖最大，太湖最小，洪泽湖第二，洞庭湖第三。

4 个人每个人仅答对了一个，请编程给出 4 个湖从大到小的顺序。

【分析】 用汉语拼音表示 4 个湖：

洞庭湖——dongting　洪泽湖——hongze　鄱阳湖——poyang　太湖——tai

湖的大小用 1、2、3、4 表示，1 表示最大，4 表示最小。

这样 4 个人所说的话写成表达式就是

As=(dongting==1)+(hongze==4)+(poyang==3);

Bs=(hongze==1)+(dongting==4)+(poyang==2)+(tai==3);

Cs=(hongze==4)+(dongting==3);

Ds=(poyang==1)+(tai==4)+(hongze==2)+(dongting==3);

用 1、2、3、4 去枚举每个湖的大小，可以循环实现。题目中说 4 个人每个人只答对了一个，也就是说程序中的判定条件为

if(As==1&&Bs==1&&Cs==1&&Ds==1)

这样就可以确定 4 个湖的大小了，最后按照从大到小的顺序输出这 4 个湖。

实验八　递　推　法

一、实验目的

1. 掌握递推法的算法思想与实现方法

2．培养编程解决实际问题的能力

二、实验内容

（1）有一天一只小猴子摘下一堆桃子，当即吃去一半，还觉得不过瘾，又多吃了一个。第二天接着吃了前一天剩下的一半，忍不住又多吃了一个，以后每天如此。到第十天小猴子去吃时，只剩下一个桃子了，则小猴子共摘了多少个桃子？

【分析】 用 n_k 表示第 k 天的桃子数，小猴子每天吃的桃子数都是前一天的一半又多吃一个，所以 $n_k=n_{k-1}/2-1$，可推出 $n_{k-1}=2*(n_k+1)$。已知 n_{10} 的值，利用公式可以求出 n_9 的值，利用 n_9 的值又可以求出 n_8 的值，依次类推，最终可以求出 n_1 的值。

（2）王小二自夸刀工不错，有人放一张大饼在砧板上，问他："饼不许离开砧板，切 100 刀最多能分成多少块？"

【分析】 在编程之前要先找到规律，如图 6-9 所示。

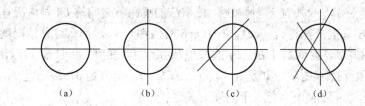

（a）　　　　（b）　　　　（c）　　　　（d）

图 6-9　切饼示意图

（a）切一刀；（b）切二刀；（c）切三刀；（d）切四刀

令 $q(n)$ 为切 n 刀最多能分成的块数，由图 6-9 可知：

$q(1)=2$

$q(2)=q(1)+2=4$

$q(3)=q(2)+3=7$

$q(4)=q(3)+4=11$

在切法上是保证每条线与之前的线都有交点。用归纳法不难得出：

$q(n)=q(n-1)+n$

$q(0)=1$（一刀不切就只有一块）

（3）A、B、C、D、E 五人合伙夜间捕鱼，凌晨时都疲惫不堪，各自在河边的树丛中找地方睡着了，日上三竿，A 第一个醒来，他将鱼平分为 5 份，把多余的一条扔回湖中，拿自己的一份回家去了，B 第二个醒来，也将剩下的鱼平分为 5 份，扔掉多余的一条，只拿走自己的一份，接着 C、D、E 依次醒来，也都按同样的办法分鱼。问 5 人至少合伙捕到多少条鱼？每个人醒来后看到的鱼数是多少条？

【分析】 假定 A、B、C、D、E 的编号分别为 1、2、3、4、5，整数数组 fish[k]表示第 k 个人醒来看到的鱼数。fish[1]表示 A 所看到的鱼数，fish[2]表示 B 所看到的鱼数……

fish[1]=5 人合伙捕的总鱼数

fish[2]=(fish[1]−1)/5*4

fish[3]=(fish[2]−1)/5*4

fish[4]=(fish[3]−1)/5*4

fish[5]=(fish[4]−1)/5*4

写成一般式为

$$fish[i]=(fish[i-1]-1)/5*4 \qquad (6-1)$$

式中　i——2，3，4，5。

这个公式可用于从 A 看到的鱼数去推算 B 看到的，再推算 C 看到的……现在要求的是 A 看到的，整个过程倒了过来，通过 E 看到的反推 D 看到的……直到推出 A 看到的，为此将式（6-1）改写为

$$fish[i-1]=fish[i]/4*5+1$$

式中　i——5，4，3，2。

根据题意可知：

1）每个人醒来后看到的鱼数都应满足被 5 整除后余 1：$fish[i]\%5==1$，$i=1$，2，…，5；

2）除第一个人之外，以后每个人醒来看到的都是 4 人分的鱼，所以应能被 4 整除：$fish[i]\%4==0$，$i=2$，3，4，5；

3）题目要求 5 人合伙捕到的最少鱼数，可以从小往大枚举，先假设 E 醒来看到的鱼数是 6 条，即将 fish[5] 初始化为 6，递推 fish[4]，…，fish[1] 之后每次增加 5 再试。这样求出的 fish[5]～fish[1] 都满足第 1 个条件，被 5 整除后余 1，如果它们还满足第二个条件：fish[2]～fisn[5] 都能被 4 整除，这时就找到了最少鱼数。

（4）对于方程 $f(x)=x^3+10x-20=0$，用二分法求在区间（1，2）内的根，误差限 $\varepsilon=10^{-4}$。

输入/输出示例：

请输入求根区间：

<u>1 2</u>

请输入误差限：

<u>1e-4</u>

近似解为 1.594 54

【分析】　二分法是求方程近似根的一种行之有效的方法，它的基本思想：设 $f(x)$ 在 (a, b) 上连续，并且 $f(a)*f(b)<0$，则 (a, b) 为方程的有根区间，如图 6-10 所示。二分法是在有根区间 (a, b) 上取中点 $x_0=(a+b)/2$，计算中点 x_0 的函数值 $f(x_0)$，如果 $f(a)*f(x_0)<0$，说明根在 a 与 x_0 之间，令 $a_1=a$，$b_1=x_0$；否则认为根在 x_0 与 b 之间，令 $a_1=x_0$，$b_1=b$，这样可得到新的有根区间为 (a_1, b_1)，其长度为 (a, b) 的一半。对 (a_1, b_1) 继续上述过程，可得到新的

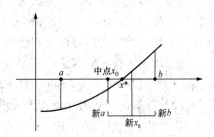

图 6-10　二分法基本思想示意图

有根区间 (a_2, b_2)，其长度为 (a_1, b_1) 的一半，不断重复上述二分过程，根据 $x_k=(a_k+b_k)/2$ 可得到一个近似根的序列：$x_0, x_1, x_2, \cdots, x_k$，此序列必以实际根 x^* 为极限。

在实际计算中，不可能完成这个无限过程，所以当有根区间 (a_k, b_k) 的长度小于误差限 ε 时，就认为 x_k 近似等于 x^*。

实验九　递　归　法

一、实验目的

1．掌握递归法的算法思想与实现方法

2．练习用递归法解决实际问题

二、实验内容

（1）根据下面公式计算 C_6^3 的值。

$$\begin{cases} C_m^n = C_{m-1}^{n-1} + C_{m-1}^n \\ C_m^m = 1 \\ C_m^1 = m \end{cases}$$

【分析】　计算 C(m, n)的值，要先知道 C(m−1, n−1)和 C(m−1, n)的值，而要计算 C(m−1, n−1)和 C(m−1, n)的值，又需要知道 C(m−2, n−2)、C(m−2, n−1)和 C(m−2, n)的值，依次递推，直到遇到 m=n 或者 n=1 的情况才有确切的值，这时再逐级回归，依次得到 C(m−2, n−2)、C(m−2, n−1)和 C(m−2, n)的值，C(m−1, n−1)和 C(m−1, n)的值，最终得到 C(m, n)的值，这个题要用到函数的递归调用。

在函数定义中直接或间接地调用自身称为函数的递归调用。用递归法解决问题的思路：将原问题转化为一个新问题，而这个新问题与原问题有相同的解决方法，继续这种转化，直到转化出来的问题是一个有已知解的问题为止。任何一个递归都必须有递归终止条件，像本题的 $C_m^m = 1$ 和 $C_m^1 = m$ 就是递归终止条件。

递推是从已知的初始条件出发，逐步推出未知结果，而递归算法的出发点不放在初始条件上，而是放在求解的目标上，从要求的未知项出发逐次调用本身的求解过程，直到递归的终止条件（即初始条件）。

（2）快速排序法的思路：将要排序的数据放到 a 数组中，a[0], a[1],…, a[n−1]共 n 个数据。首先任意选取一个数据（通常选用第一个数据）作为关键数据 key，将所有比它小的数都放到它前面，所有比它大的数都放到它后面，这样 key 在数组中的位置就确定下来了，这个过程称为一趟快速排序。一趟快速排序把要排序的数据分割成两部分，其中一部分比 key 小，另外一部分比 key 大。用同样的思路再对这两部分数据分别进行快速排序，各自分成两部分……整个排序过程可以递归进行，直到整个数据变成有序序列。

一趟快速排序的算法：

1）设置两个变量 i 和 j，刚开始令 i=0，j=n−1。

2）以第一个数组元素作为关键数据，赋值给 key，即 key=a[0]。

3）从 j 开始向前搜索，即由后往前搜索（j−−），找到第一个小于 key 的值 a[j]，让它与 a[i]交换，交换后 j 值不变，i 值加 1。

4）再从 i 开始向后搜索，即由前往后搜索（i++），找到第一个大于 key 的 a[i]，让它与 a[j]交换，交换后 i 值不变，j 值加 1。

5）重复第 3、4 步，直到 i 和 j 相等，一趟快速排序完成。

例如，对 5、2、6、1、3、7 这六个数进行快速排序，首先令 i=0，j=5，key=a[0]=5，进行第一趟快速排序，如图 6-11 所示。

第一趟快速排序完成后，5 的位置确定，用同样的思路去排左边的部分，令 i=0，j=2，key=a[0]=2，进行一趟快速排序，如图 6-12 所示。

这趟快速排序完成后，3 的位置确定，用同样的思路去排左边的部分，令 i=0，j=1，key=a[0]=1，进行一趟快速排序，如图 6-13 所示。

经过这趟排序，1 的位置确定，2 的位置也就确定了，至此第一趟快速排序后的左半部分就排好序了，对右半部分的排序也是如此进行，这里就不再赘述。现在要求编程实现快速排序的算法。

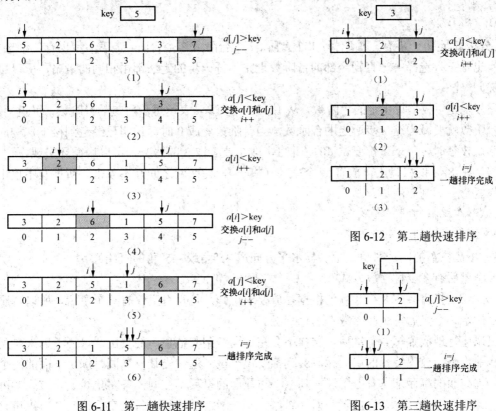

图 6-11　第一趟快速排序

图 6-12　第二趟快速排序

图 6-13　第三趟快速排序

输入/输出示例：

输入要排序的数据个数：

6

输入要排序的数据：

5 2 6 1 3 7

排序结果为

1 2 3 5 6 7

【分析】 根据上面对算法的描述，对一组数进行排序可以分成三个步骤：①进行一趟快速排序，将数据分成两部分；②对左半部分的数据进行排序；③对右半部分的数据进行排序。其中第一步可以直接完成，但是第二步、第三步的完成还要继续分解，使得要解决的问题规模逐步缩小，直到缩小到对 1 个数排序，问题可以解决，显然，这个问题用递归方法比较方便。

（3）从楼上到楼下共有 h 个台阶，下楼每步可走 1 个台阶、2 个台阶或 3 个台阶，则可走出多少种方案？

输入/输出示例：

请输入楼梯的台阶数：4

方案 1:1111

方案 2:112

方案 3:121
方案 4:13
方案 5:211
方案 6:22
方案 7:31
总方案数:7

【分析】 走第一步有三种选择:1 个台阶、2 个台阶或 3 个台阶。走第二步也有三种选择,第三步也是三种选择……直到全部的台阶数走完,每一步的走法都用相同的策略,所以可以采用递归算法。

逐步地走,枚举每步走的台阶数,从 1～3。用变量 i 表示每步所走的台阶数,每走一步,总的台阶数就要减去这一步所走的台阶数,当台阶数变成 0 时,说明已经走到楼下,构成一种方案。枚举时,每一步都要试 i 的值取 1、取 2 或者取 3 的情况,可以用循环实现。

（4）在 8×8 的棋盘上,放置 8 个皇后(棋子),使两两之间互不攻击。所谓互不攻击是说任何两个皇后都要满足:

1）不在棋盘的同一行。

2）不在棋盘的同一列。

3）不在棋盘的同一对角线上(与水平方向成 45°角或–45°角的直线)。

则这 8 个皇后有多少种摆放方式?

【分析】 棋盘共有 8 行 8 列,根据摆放要求可知,每行有且仅有一个皇后,所以解题的任务是确定 8 个皇后每个应该放在哪一列上。

可以逐行地放置每一个皇后,这样不会在行上遭到其他皇后的攻击,只需考虑来自列和对角线的攻击。放置每行的皇后时,8 列都要逐个试一遍,当某一列同时满足下面的两个条件时:①前面的皇后都没有占用这一列;②与前面的皇后不在同一条对角线上。该列就可以

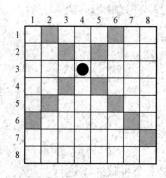

图 6-14　八皇后问题

放置皇后;否则,不能放。放置好一行的皇后以后,可以进行递归调用,放置下一行的皇后,直到 8 个皇后都放置完,构成一种解决方案。

用数组 a 记录每行上皇后所在的列号,用数组 lie 记录每列的占用情况(是否已放置了皇后),在试的时候,如果某一列没有被占用,说明满足第一个条件,那么如何测试是否满足第二个条件呢?

假设第 i 行的皇后放在第 j 列上,那么经过 (i,j) 位置的两条对角线有这样的规律:从左上到右下的对角线上的每个位置都满足 $i–j=$常数;从右上到左下对角线上的每个位置都满足 $i+j=$常数。

比如图 6-14 中的两条对角线上的点,一条 $i–j=–1$,一条 $i+j=7$。

利用这个特点可以测试是否与之前放置的皇后位于同一条对角线上。如果该列既没有被占用,又没有与之前的皇后位于同一条对角线,则该列可以放置皇后。

实验十　自　动　出　题

一、实验目的

1. 掌握在程序中生成随机数的方法

2. 掌握 "自动出题" 问题的解题思路

二、实验内容

用生成伪随机数的库函数 rand( )设计一个自动出题程序,能实现两位正整数的四则运算,四则运算的具体类型也由随机数确定,共出 10 道题,每道题 10 分,最后给出总分。注意,减法计算题要保证被减数大于等于减数,除法的结果为整数商。

输入/输出示例:

```
85*59=0
错误,不得分!
27/14=1
正确,加 10 分!
72+57=129
正确,加 10 分!
……
92-26=30
错误,不得分!
10 题中共答对:7 题,得分:70
```

【分析】出 10 道题可以用循环来实现,每次循环出一道题,题目中两个操作数随机产生,运算类型也随机产生,所以本题的关键是生成随机数。在 C++中要生成随机数,需要用到两个函数:

void srand(unsigned seed): 该函数用来初始化伪随机数发生器。

int rand(void): 该函数生成一个 0~0x7fff 之间的一个伪随机数。这两个函数的声明都在 stdlib.h 文件中。

两位正整数的范围是 10~99,要生成 10~99 之间的随机数,程序中可以这样写:

```
srand(time(0));
a=rand()%90+10;
```

time(0)函数返回从 1970 年 1 月 1 日格林威治时间 00:00:00 到当前时间的秒数,用 time(0)的函数值对伪随机数发生器进行初始化,目的是避免程序再次运行时产生相同的随机数。time( )函数的声明在 time.h 文件中。

第七章 类 和 对 象

实验一 类的定义及使用

一、实验目的

1. 理解类、对象的概念
2. 掌握类的定义及类的使用
3. 理解构造函数和析构函数作用以及如何设计构造函数和析构函数
4. 了解面向对象程序设计的特点

二、实验内容

（1）阅读下列程序，写出运行结果。对该程序进行编辑、编译、连接、运行，比较结果是否相同，回答并思考要求中的问题。

1）Circle1.cpp 程序：

```cpp
//定义一个类
#include <iostream.h>
class CCircle
{
public:
    Ccircle(int r);                 //构造函数
    void SetRadius(int r);
    int GetRadius(void);
    void DisplayArea(void);
    ~Ccircle();                     //析构函数
private:
    float CalculateArea(void);
    int m_R;
    int m_C;
};

//CalculateArea 函数
float Ccircle::CalculateArea(void)
{
    float f;
    f=3.14*m_R*m_R;
    return f;
}

//构造函数
Ccircle::Ccircle(int r)
{
        m_R=r;
}
//析构函数 Ccircle::~Ccircle()
```

```
{
    }
```

```
// DisplayArea 函数
void Ccircle::DisplayArea(void)
{   float fArea;
    fArea=CalculateArea();
    cout<<"The area of the circle is:"<<fArea<<endl;
}
```

```
//主函数
void main()
{
    Ccircle Mycircle(10);
    Mycircle.DisplayArea();
}
```

要求：

①分析程序代码，掌握类的定义格式，了解"构造函数和析构函数"的定义及其作用。

②写出 Ccircle 类的成员函数和数据成员以及各自的属性。

③程序在哪个函数中定义了 Ccircle 类的对象？通过该对象执行的是哪个成员函数？

④成员函数 CalculateArea( )能否通过对象执行？为什么？

2）**Circle2.cpp** 程序：

```
//定义一个类
#include <iostream.h>
class Ccircle
{
public:
    Ccircle(int r);                      //构造函数
    void SetRadius(int r);
    int GetRadius(void);
    void DisplayArea(void);
    ~Ccircle();                          //析构函数
private:
    float CalculateArea(void);
    int m_R;
    int m_C;
};
```

```
//CalculateArea 函数
float Ccircle::CalculateArea(void)
{
    float f;
    f=3.14*m_R*m_R;
    return f;
}
```

```
//构造函数
Ccircle::Ccircle(int r)
```

```
{
            m_R=r;
}
//析构函数 Ccircle::~Ccircle()
{
      }

// DisplayArea 函数
void Ccircle::DisplayArea(void)
{     float fArea;
      fArea=CalculateArea();
    cout<<"The area of the circle is:"<<fArea<<endl;
}
//主函数
void main()
{     Ccircle  MyCircle(10);
      Ccircle  HerCircle(20);
      Ccircle  HisCircle(30);
      MyCircle.DisplayArea();
      HerCircle.DisplayArea();
      HisCircle.DisplayArea();
}
```

要求：

Circle2.cpp 程序与 **Circle1.cpp** 程序除了主函数不同外，其他函数没有任何区别。分析主函数代码，理解通过定义不同的对象可以给数据成员赋不同的值，通过对象得到不同半径圆的面积。从而深刻理解面向对象程序设计的特点。

3）**Circle3.cpp** 程序：

```
//定义一个类
#include <iostream.h>
class Ccircle
{
public:
 Ccircle(int r);                                //构造函数
 void SetRadius(int r);
 int GetRadius(void);
 void DisplayArea(void);
 ~Ccircle();                                    //析构函数
private:
 float CalculateArea(void);
 int m_R;
 int m_C;
};

//CalculateArea 函数
float Ccircle::CalculateArea(void)
{
 float f;
 f=3.14*m_R*m_R;
```

```
  return f;
}


// DisplayArea 函数
void Ccircle::DisplayArea(void)
{
     float fArea;
     fArea=CalculateArea();
   cout<<"The area of the circle is:"<<fArea<<endl;
}


//SetRadius 函数设置 m_R 值
void Ccircle::SetRadius(int r)
{
     m_R=r;
}


//GetRadius 函数返回 m_R 值
Ccircle:: GetRadius(void)
{
    return m_R;
}


//构造函数
Ccircle::Ccircle(int r)
{
          m_R=r;
}


//析构函数
Ccircle::~Ccircle()
{
   }


//主函数
void main(void)
{   Ccircle Mycircle(10);
   Mycircle.DisplayArea();
   Mycircle.SetRadius(20);
 cout<<"The m_R is:"<<endl;
   cout<<Mycircle.GetRadius();
   cout<<endl;
   Mycircle.DisplayArea();
}
```

要求:

在 **Circle2.cpp** 程序和 **Circle1.cpp** 程序中,没有对 **SetRadius** 函数和 **GetRadius** 函数进行定义,则这两个函数的作用是什么?分析主函数代码,为什么在主函数中可以通过对象执行这两个函数?

4)**Circle4.cpp** 程序:

```
//定义一个类
#include <iostream.h>
class Ccircle
{
public:
        Ccircle(int r);                    //构造函数
        void SetRadius(int r);
        void SetRadius(int r,int c);
        int GetRadius(void);
        void DisplayArea(void);
        ~Ccircle();                        //析构函数
        int m_C;
private:
 float CalculateArea(void);
 int m_R;
 //int m_C;
};


//CalculateArea 函数
float Ccircle::CalculateArea(void)
{
 float f;
 f=3.14*m_R*m_R;
 return f;
}


//构造函数
Ccircle::Ccircle(int r)
{
            m_R=r;
            m_C=0;
}
//析构函数 Ccircle::~Ccircle()
{
       }
// DisplayArea 函数
void Ccircle::DisplayArea(void)
{
     float fArea;
     fArea=CalculateArea();
    cout<<"The area of the circle is:"<<fArea<<endl;
}


//GetRadius 函数返回 m_R 值
Ccircle:: GetRadius(void)
{
     return m_R;
```

```
}
```

```
//函数名：SetRadius()
void CCircle::SetRadius(int r)
{
             m_R=r;
             m_C=255;
}
```

```
//函数名：SetRadius()
void CCircle::SetRadius(int r,int c)
{
             m_R=r;
             m_C=c;
}
```

```
//主函数
  void main()
  { Ccircle MyCircle(10);
  cout<<"The m_R is:"<<MyCircle.GetRadius()<<"\n";
  cout<<"The m_Color is:"<<MyCircle.m_C;
  cout<<"\n";
  Mycircle.SetRadius(20);
  cout<<"The m_R is:"<<Mycircle.GetRadius()<<"\n";
  cout<<"The m_Color is:"<<MyCircle.m_C;
  cout<<"\n";
  Mycircle.SetRadius(40,100);
   cout<<"The m_R is:"<<Mycircle.GetRadius()<<"\n";
  cout<<"The m_Color is:"<<MyCircle.m_C;
  cout<<"\n";
}
```

问题：

①在 **Circle4.cpp** 程序中，对 **SetRadius** 函数有两种不同的实现，这称为什么？

②分析主函数代码，如何执行 **SetRadius** 函数对应的两种不同实现？

（2）按要求编写下列程序，并上机调试运行。

1）定义一个 Circle 类，包含数据成员 Radius（半径）、成员函数 CalculateArea(void)和 DisplayArea(void)，计算并显示圆的面积。

2）定义一个 DataType（数据类型）类，能处理包含字符型、整型、浮点型的数据，给出其构造函数。

实验二　继 承 与 派 生

一、实验目的

1. 了解继承在面向对象程序设计中的重要作用

2. 理解继承和派生的概念

3. 熟悉如何定义派生类以及添加需要的成员函数

二、实验内容

1. RECT.cpp 程序：

```
//定义一个类#include <iostream.h>
class Crect
{
  public:
```

```
        Crect(int w,int h);
        void DisplayArea(void);
        ~Crect();
        int m_Width;
        int m_Height;
};

//构造函数
Crect::Crect(int w,int h)
{    cout<<"这是构造函数\n";
        m_Width=w;
        m_Height=h;
    }

//析构函数
 Crect::~Crect()
{cout<<"这是析构函数\n";
    }

//DisplayArea()函数
void Crect::DisplayArea(void)
{     int iAea;
      iAea=m_Width*m_Height;
      cout<<"Area="<<iAea<<endl;
}

//主函数
void main()
{
   Crect .MyRect(10,5);
   MyRect.DisplayArea();
}
```

这是一个求矩形面积的程序。

要求：

（1）分析程序代码，写出类名、类的成员函数及数据成员，以及各个成员的属性。

（2）运行这个程序，观察运行结果，进一步理解程序的执行过程。

2. 编写 **RECT2.cpp** 程序。定义 Crect 类，然后由它派生 CnewRect 新类，在新类中定义 SetWidth()函数和 SetHeight()，实现添加新的成员函数这一需求，从而完成对数据成员的赋值。程序代码如下。

```
//定义一个类
#include <iostream.h>
class Crect
{
    public:
    Crect(int w,int h);
    void DisplayArea(void);
    ~Crect();
    int m_Width;
```

```
        int m_Height;
};

//定义一个新类CnewRect
class CnewRect : public Crect
{
    public:
      CnewRect(int w,int h);
       void SetWidth(int w);
       void SetHeight(int h);
      ~CnewRect();
  };

//基类构造函数
Crect::Crect(int w,int h)
{   cout<<"这是基类的构造函数\n";
      m_Width=w;
      m_Height=h;
  }

//基类的析构函数
 Crect::~Crect()
{cout<<"这是基类的析构函数\n";
        }

//基类的DisplayArea()函数
void Crect::DisplayArea(void)
{    int iAea;
     iAea=m_Width*m_Height;
     cout<<"Area="<<iAea<<endl;
}


派生类的SetWidth()函数
void CnewRect::SetWidth(int w)
{
      m_Width=w;
}

派生类的SetHeight()函数
void CnewRect::SetHeight(int h)
{
      m_Height=h;
}

//主函数
void main()
{
  CnewRect MyRect(10,5);
  MyRect.DisplayArea();
  MyRect.SetWidth(100);
```

```
    MyRect.SetHeight(20);
    MyRect.DisplayArea();
}
```

要求:

1）分析程序代码，写出基类名、类的成员函数及数据成员以及各个成员的属性。

2）分析程序代码，写出派生类的类名，类的成员函数、数据成员、属性。

3）运行这个程序，观察运行结果，进一步理解程序的执行顺序。

4）思考：什么是基类？什么是派生类？继承的含义是什么？

3. 设计一个基类，从基类派生圆，从圆派生圆柱，设计成员函数输出它们的面积和体积。

第八章　利用 MFC 进行 Windows 程序设计

实验一　Windows 程序设计的初步

一、实验目的

1. 学习如何使用 AppWizard 生成基于对话框的应用程序（即其主窗口是一个对话框）的项目和框架文件

2. 初步学会使用 Visual C++的可视化工具箱可视地设计应用程序对话框

3. 初步掌握用 Class Wizard 给对话框的控件连接代码

二、实验内容和步骤

设计如图 8-1 所示界面的程序。主窗口是一个对话框，其中有两个按钮。

功能：单击 Say Hello 按钮弹出一个对话框，如图 8-2 所示；单击 Exit 按钮，停止程序运行。

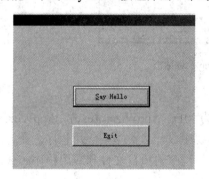

图 8-1　程序的主窗口

图 8-2　弹出的对话框

1. 创建项目

在 Visual C++6.0 中，用应用程序向导创建 Windows 程序，可按下列步骤进行：

（1）执行 File→New 菜单命令。打开 New 对话框，如图 8-3 所示。

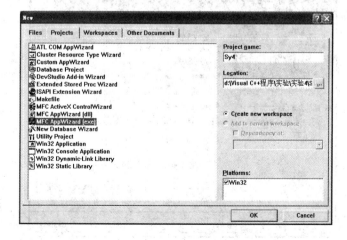

图 8-3　New 对话框

（2）选择 Project 标签，并从列表框中选中 MFC AppWized[exe]项。

（3）在 Project 的编辑框中输入项目名称 Sy4 及其存放位置 "D:\Visual C++程序\实验\实验 4"。

（4）单击 OK 按钮，显示 MFC AppWizard-Step 1 对话框。第一步是询问项目类型，如图 8-4 所示。

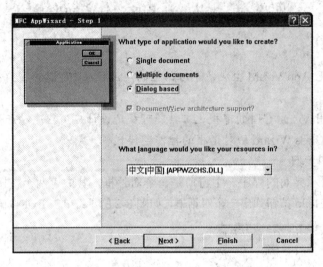

图 8-4　MFC AppWizard-Step 1 对话框

2. 生成应用程序的项目文件

在 New Project 对话框中已指定新项目文件类型为 MFC AppWizard(exe)，AppWizard 将引导你按步骤执行。在这几步中需要告诉 AppWizard 要生成什么类型的应用程序。在完成了 AppWizard 要求的所有步骤后，AppWizard 将生成应用程序的项目文件和应用程序的代码框架文件。

（1）设置 Step 1 各选项。选择 Dialog based 项，确定程序的类型，即应用程序的窗口是对话框。见图 8-4 AppWizard-Step1 对话框同时还询问用于定义资源的语言，选择"中文"按钮，单击 Next 按钮，显示 MFC AppWizard-Step 2 对话框，如图 8-5 所示。

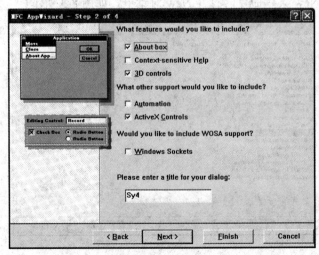

图 8-5　MFC AppWizard-Step 2 对话框

（2）设置 Step 2 各选项。选中 About box 复选框（有一个 About box 对话框）；选中 3D controls 复选框（使用三维图形控件）；对标题进行重新设置（默认的是项目名字 Sy4）；确定用户界面。单击 Step 2 的 Next 按钮，显示 MFC AppWizard-Step 3 对话框，如图 8-6 所示。

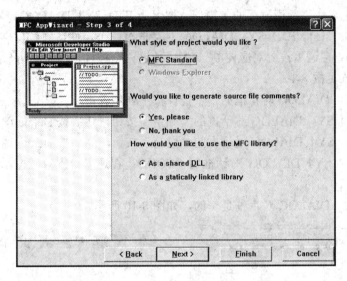

图 8-6　MFC AppWizard-Step 3 对话框

（3）设置 Step 3 各选项，确定应用程序的外观。MFC Standard 表示标准风格；生成的项目文件包括注释代码；应用程序从动态链接库中调用 MFC；单击 Step 3 的 Next 按钮，显示 MFC AppWizard-Step 4 对话框，如图 8-7 所示。

可以看到，AppWizard-Step 4of 4 对话框给出了 AppWizard 生成的类名和文件名，对该对话框的内容不必做任何修改。

（4）单击 Step 4 窗口的 Finish 按钮。Visual C++显示 New Project Information 窗口，对上述 4 步的选择进行总结，列出程序所具有的各种外观、功能特性，如图 8-8 所示。

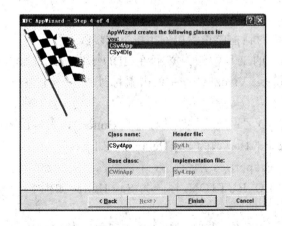

图 8-7　MFC AppWizard-Step 4 对话框

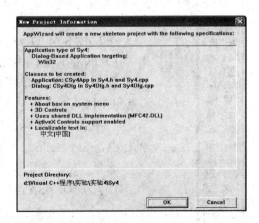

图 8-8　New Project Information 窗口

（5）单击 New Project Information 对话框的 OK 按钮。Visual C++生成应用程序的项目文件和所有的框架文件。

3. Sy4 应用程序的可视化实现

Sy4 应用程序基于对话框，在用 AppWizard 生成项目文件和框架文件时，AppWizard 生成一个对话框并把它作为应用程序的主窗口。取名为 IDD_SY4_DIALOG。

由图 8-9 可知，目前 IDD_SY4_DIALOG 对话框有三个控件："确定"按钮、"取消"按钮和文本"TODO：在这里设置对应控制"。先去掉这三个控件，再添加两个控件：Say Helllo 按钮和 Exit 按钮（见图 8-1）。

删除 IDD_SY4_DIALOG 对话框的三个控件按下列步骤进行：

（1）单击 IDD_SY4_DIALOG 对话框的"确定"按钮，然后按 Delete 键。

（2）单击 IDD_SY4_DIALOG 对话框的"取消"按钮，然后按 Delete 键。

（3）单击 IDD_SY4_DIALOG 对话框的"TODO：在这里设置对应控制"文本框，然后按 Delete 键。

现在 IDD_SY4_DIALOG 对话框是空的，如图 8-10 所示。

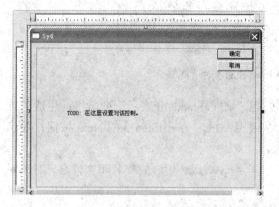 

图 8-9　设计方式下的 IDD_SY4_DIALOG 对话框　　图 8-10　删除控件后的 IDD_SY4_DIALOG 对话框

在 IDD_SY4_DIALOG 对话框中设置按钮，需使用工具栏中的按钮工具，如图 8-11 所示。

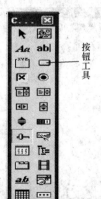

图 8-11　工具栏

在 IDD_SY4_DIALOG 对话框中设置控件，按下列步骤进行：

1）单击工具栏中相应的工具按钮，然后在 IDD_SY4_DIALOG 对话框中任意位置单击鼠标。Visual C++在单击鼠标处设置一个按钮（见图 8-12）。

2）设置按钮的标题和 ID 号：现在按钮的标题是 Button1，图 8-1 中的标题是 Say Hello，将按钮的标题改为 Say Hello 方法如下：

选择 View 菜单下的 Properties 命令，打开"属性"对话框，输入 ID 号为 IDC_SAYHELLO_BUTTON，标题为 Say Hello，如图 8-13 所示。

在图 8-1 中还有一个 Exit 按钮，用同样的方法设置 Exit 按钮，其 ID 号为 IDC_EXIT_BUTTON，如图 8-14 所示。

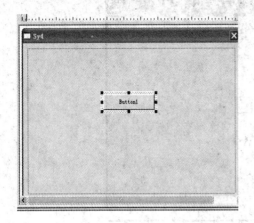

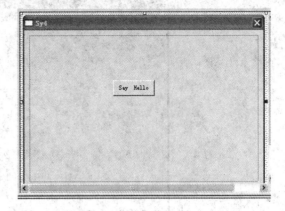

图 8-12 标题为 Button1 按钮   图 8-13 标题为 Say Hello 按钮

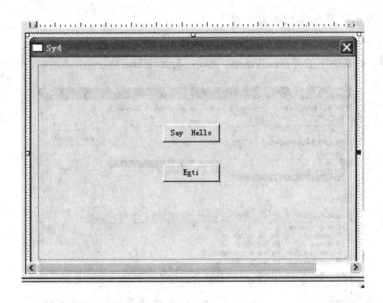

图 8-14 设计好按钮的对话框

至此 Sy4 应用程序的可视化实现就完成了。

4. 运行 Sy4 应用程序，观察可视化设计的结果

虽然至今还未编写一行代码，但可视化程序已经完成，可做如下操作，观察可视化设计结果。

（1）选中 Build 菜单下 Build Sy4.exe 选项。Visual C++编译并连接 Sy4 应用程序。

（2）选择 Build 菜单下 Execute Sy4.exe 选项，运行该程序。Sy4 应用程序主窗口如图 8-15 所示。

可见，应用程序主窗口显示的 IDD_SY4_DIALOG 与设计目标一致，其中含有一个 Say Hello 按钮和一个 Exit 按钮。单击 Say Hello 按钮和 Exit 按钮，程序没有反应，原因是目前尚未给按钮连接代码，下一部分将把代码与这些按钮相连。

（3）单击应用程序窗口右上角的关闭按钮，终止 Sy4 应用程序。

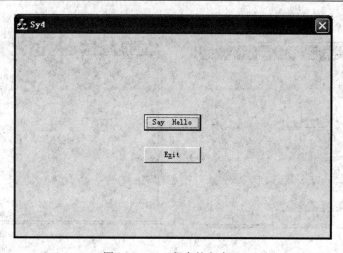

图 8-15　Sy4 程序的主窗口

5. 给 Sy4 应用程序的按钮连接代码

（1）给 Say Hello 按钮连接代码。

1）选择 View 菜单下的 Class Wizard 选项，显示 Class Wizard 对话框，如图 8-16 所示。

图 8-16　Class Wizard 对话框

2）选择 Message Maps 标签；选中 IDC_SAY_BUTTON ID 号；选择 Messages 中的 BN_CLICKED 项；单击 Add Function 按钮，显示 Add Member Function 对话框，如图 8-17 所示，单击 OK 按钮。

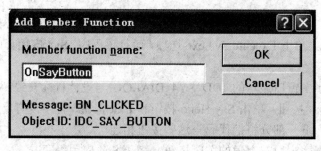

图 8-17　Add Member Function 对话框

3）单击 Edit Code 按钮，显示代码编辑区，并使函数 OnSayButton( )处于待编辑状态，如图 8-18 所示。

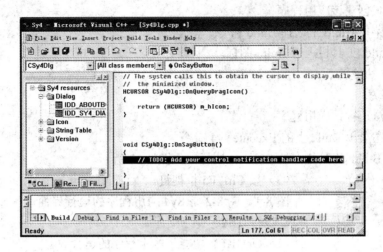

图 8-18 处于编辑状态的 OnSayButton( )函数

4）按下列程序清单输入 OnSayButton( )函数代码：

```cpp
void CSy4Dlg::OnSayButton()
{
  // TODO: Add your control notification handler code here
  //代码开始
  //////////

  MessageBox("Hello! This is my first Visual c++ progarm.");

  //////////
  //代码结束
}
```

代码的功能：单击 Say Hello 按钮时，弹出如图 8-2 所示的对话框。

（2）给 Exit 按钮连接代码。

1）用同样的方法添加 OnExitButton( )函数。

2）按下列程序清单输入 OnExitButton( )函数代码：

```cpp
void CSy4Dlg::OnExitfButton()
{
  // TODO: Add your control notification handler code here
  //代码开始
  //////////

  OnOK();

  //////////
  //代码结束
}
```

代码的功能：停止程序的运行。

6．编译、连接

有三种方式创建该应用程序：

（1）从主菜单 Build 上选择 Build 命令。

（2）在 Build 工具栏上选 Build 图标。

（3）按 F7 快捷键。

7．运行程序

有三种方法运行该应用程序：

（1）使用主菜单 Build 上的 Execute sy4 命令。

（2）使用 Build 工具栏上的 Execute 图标，如图 8-19 所示。

（3）按 Ctrl+F5 快捷键。

图 8-1、图 8-2 是 Sy4 应用程序的运行界面。

8．所用函数

（1）OnOK( ) 功能：停止程序的运行。

（2）MessageBox（"string"）功能：弹出一个对话框，并在其上显示 string 的内容。

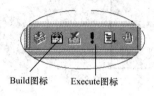

Build图标　　Execute图标

图 8-19　主菜单 Build

三、实验要求

按上述的实验步骤总结出使用 Visual C++ 6.0 设计 Windows 程序的步骤；理解所用函数的功能及其使用格式；写出实验报告。

实验二　编辑框应用程序的设计

一、实验目的

1．初步掌握使用 AppWizard 设计编辑框应用程序的项目和框架文件

2．掌握使用 Visual C++的可视化工具箱可视地设计编辑框控件

3．掌握用 Class Wizard 给对话框的控件连接变量

4．初步掌握利用对象执行 CEdit 类的成员函数

5．掌握用 Class Wizard 给对话框的控件连接代码

二、实验内容

（1）设计如图 8-20 所示界面的程序。主窗口是一个对话框，其中有上下两个编辑框，7 个按钮。

程序的功能：

1）单击 Test 1 按钮，MyEdit 将文本 This is a test 放入上部的编辑框中。

2）单击 Clear 1 按钮，MyEdit 清除上部编辑框的内容。

3）单击 Test 2 按钮，MyEdit 将文本 You clicked the Test 2 button 放置在下部编辑框中。

4）单击 Clear 2 按钮，MyEdit 清除下部编辑框的内容。

5）单击 Copy 按钮，MyEdit 将上编辑框的内容复制到剪贴板。

6）单击 Paste 按钮，MyEdit 将剪贴板上的内容粘贴到下面的编辑框中。

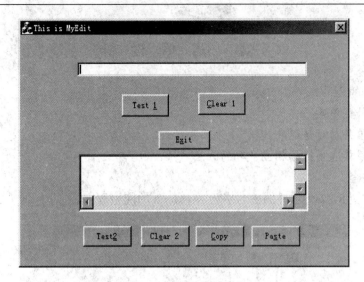

图 8-20　编辑框应用程序 1

运行 MyEdit 程序，可以看到该程序的上述功能。

（2）设计一个编辑框应用程序，程序的结构是对话框。窗口布局如图 8-21 所示。

要求：

1）标题：编辑框应用程序。

2）主窗口是对话框。

3）有两个上下编辑框和七个按钮。

程序的功能：

1）单击 Exit 按钮，退出程序运行。

2）单击 Show1 按钮，在上编辑框中显示"这是第一个编辑框"。

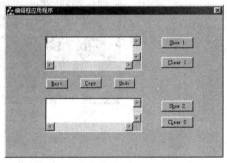

图 8-21　编辑框应用程序 2

3）单击 Clear1 按钮，上编辑框中的内容被清除。

4）单击 Show2 按钮，在下编辑框中显示"这是第二个编辑框"。

5）单击 Clear2 按钮，下编辑框中的内容被清除。

6）单击 Copy 按钮，把上编辑框的内容复制到下编辑框中。

7）单击 Undo 按钮，取消编辑框中的上一次操作，再单击一次，又显示刚才的内容。

运行 MyEdit 程序，可以看到该程序的上述功能。

三、所用函数

（1）Copy( )、Cut( )、Paste( )、Undo( )。

（2）SetSel：在编辑框控件中选择字符范围，Void SetSel（int nStartChar, int nEndChar）。

（3）ReplaceSel：用指定的文本代替编辑框中选择的文本，Void ReplaceSel（LPCTSTR lpszNewText）。

（4）UpdateData：是否将变量的内容传递到编辑框，UpdateData（BOOL bModified = TRUE）。

实验三 菜 单 设 计

一、实验目的

1. 学会设计菜单条
2. 掌握菜单条与对话框的链接
3. 掌握给菜单选项链接相应代码的方法

二、实验内容

（1）设计如图 8-22 所示界面的名字为 MyMenu 的应用程序。

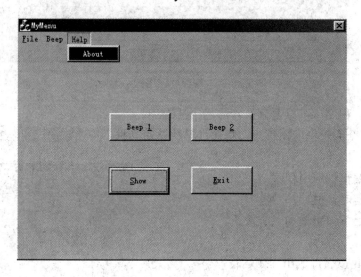

图 8-22　菜单的设计 1

要求：

程序的结构是对话框，有三项菜单和 4 个按钮。各菜单项分别包括下列菜单命令。

File→Show，File→Exit；Beep→Beep1，Beep→Beep2；Help→About。

功能：

1）单击 Beep1 按钮，产生一声系统的蜂鸣声。

2）单击 Beep2 按钮，产生两声系统的蜂鸣声。

3）单击 Show 按钮，弹出一个对话框。

4）单击 Exit 按钮，停止运行程序。

5）About 菜单命令，显示一个对话框。

菜单项中其他菜单的功能与对应按钮的功能一样。

所用函数：

GetCurrentTime( )：得到当前的时间。

MessageBeep((WORD)-1)：使系统产生一声蜂鸣声。

运行 MyMenu 程序，可以看到该程序的上述功能。

（2）设计一个菜单应用程序，程序的结构是对话框。窗口布局如图 8-23 所示。

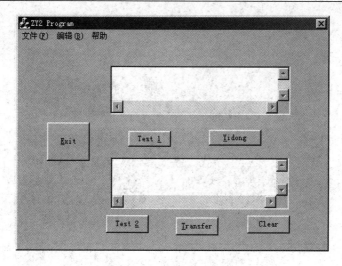

图 8-23 菜单的设计 2

要求：

1）标题：zy2 Program。

2）主窗口是对话框，并带有三项菜单。

3）有两个上下编辑框和 6 个按钮。

程序的功能：

1）单击 Exit 按钮，退出程序运行。

2）单击 Text 1 按钮，在上编辑框中显示"这是作业 2"。

3）单击 Yidong 按钮，上编辑框中的内容被移到下编辑框中。

4）单击 Test 2 按钮，在下编辑框中显示"这是 Test2 按钮"。

5）单击 Clear 按钮，下编辑框中的内容被清除。

6）单击 Transfer 按钮，把下编辑框的内容复制到上编辑框中。

7）单击 Yidong 按钮，把下编辑框的内容移到上编辑框中。

菜单的要求：

文件菜单下有三个菜单：文件→Test1，文件→Yidong，文件→退出。编辑菜单下有三个菜单：编辑→Test2，编辑→Transfer，编辑→Clear。帮助菜单下有一个菜单：帮助→About。

运行 zy2 程序，可以看到该程序的上述功能。

（3）设计一个菜单应用程序，程序的结构是对话框。

窗口布局如图 8-24 所示。

要求：在编辑框中实现算术加、减、乘和除的运算。

三、所用函数

（1）GetWindowText (cstrItem1,10)：其中 cstrLtim 是字符串数组。得到某个编辑框中的字符。比如 m_Edit1.GetWindowText (cstrItem1,10)；其中，m_Edit1 是给某个编辑框连接的控制型变量。

（2）Atof((LPCTSTR)cstrItem1)：将得到的字符转换为数字。比如 dfItem1=atof((LPCTSTR)cstrItem1)。

（3）_gcvt(int,10,char)：将得到的结果转换为字符。比如 _gcvt(dfItem1,10,cBuffer) 和 m_Edit3 = cBuffer。

（4）UpdateData(FALSE)：将结果字符串输出到 Result 编辑框中。

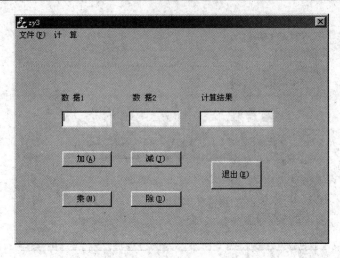

图 8-24 菜单的设计 3

实验四 复选框的设计

一、实验目的

1. 学会设计带有复选框的应用程序
2. 学习如何使用 Visual C++的帮助系统
3. 学会分析和欣赏程序代码
4. 掌握初始化程序的方法

二、实验内容

（1）设计一个带有复选框的应用程序，程序的结构是对话框。

窗口布局如图 8-25 所示，名字为 My Check Box 的应用程序，并且初始状态在复选框中有选中的标志。

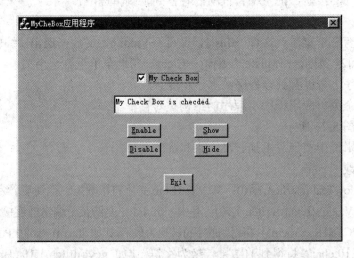

图 8-25 复选框应用程序 1

程序的功能：

1）单击 My Check Box 复选框，在复选框中去掉选中标志并在编辑框中显示 My Check Box is checked 文本。

2）再次单击 My Check Box 复选框。在编辑框中显示 My Check Box is checked 文本。

3）单击 Disable 按钮，使复选框无效。

4）单击 Enable 按钮，使复选框有效。

5）单击 Hide 按钮，隐藏复选框。

6）单击 Show 按钮，显示复选框。

7）单击 Exit 按钮，退出运行程序。

（2）设计一个复选框应用程序。该应用程序是基于对话框的。窗口的布局如图 8-26 所示。

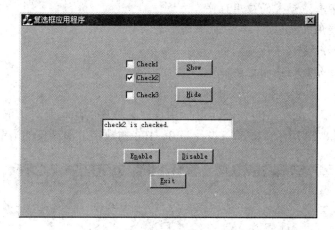

图 8-26　复选框应用程序 2

程序的功能：

当用户单击了三个复选框之一时，编辑框中显示被改选的情况。其他按钮功能与题 1 相同。

（3）设计一个菜单应用程序，在程序的运行界面上能输入 10 个任意数据，然后对这 10 个数据进行统计计算，如平均值、方差、均方根。程序的结构是对话框，窗口布局如图 8-27 所示。

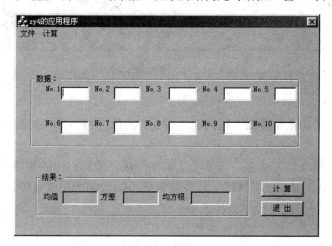

图 8-27　实验内容

三、所用函数

（1）GetDlgItem（参数）：取得一个位于对话框内的控件指针。参数为待提取指针控件的 ID。

（2）ShowWindow( )：隐藏/显示对话框中的控件。参数：SW_HIDE 是隐藏；SW_SHOW 是显示。

（3）EnableWindows( )：使控件有效/无效。参数：TRUE/FALSE。

（4）GetCheck( )：得到复选框当前状况。返回一个逻辑值。

实验五　滚 动 条 的 设 计

一、实验目的

1. 学会设计带有滚动条的应用程序
2. 继续学习使用 Visual C++的帮助系统
3. 学会分析和欣赏程序代码
4. 熟练掌握初始化程序的方法

二、实验内容

（1）设计一个带有滚动条的 MyScroll 应用程序。程序的结构是对话框。

窗口布局如图 8-28 所示，滚动条设计为 0～100 的数字。滚动条的当前位置是 50。

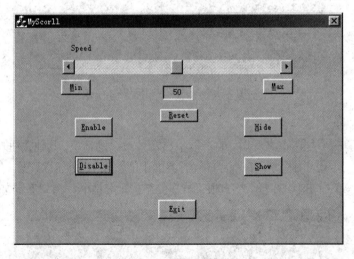

图 8-28　滚动条应用程序 1

程序的功能：

1）单击出现在滚动条左边或右边的箭头按钮。出现在编辑框内的数字减 1 或加 1。左减右加。

2）单击滚动条滑块与左边或右边箭头之间的区域，编辑框中的数字加 10 或减 10。

左右拖动滚动块，根据鼠标的移动量使编辑框中的数字增加或减少。

3）单击 Exit 按钮，退出程序运行。

运行 MyScroll 程序，观察其他按钮的功能。

（2）设计一个带有两个滚动条的应用程序，这两个滚动条用来控制 *a*、*b* 值的变化，*a*、*b*

的变化范围均是 0～100，*a*、*b* 的值分别在编辑框中显示出来，然后在"计算"菜单中选择求和或求差，计算结果放在窗口的另一个编辑框中显示出来。窗口布局如图 8-29 所示。

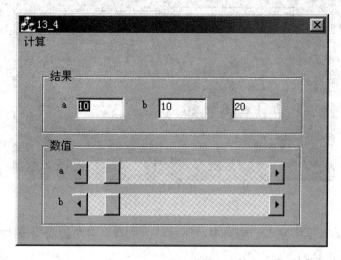

图 8-29　滚动条应用程序 2

要求：设计一个"计算"菜单项，其中包括加、减、乘、除以及退出菜单命令。

三、所用函数

（1）EnableScrollBar( )：使滚动条有效/无效。

（2）GetScrollPos( )：获得滚动条当前位置。

（3）SetScrollRange( )：设置滚动条得到最大和最小位置。

（4）SetScrollPos( )：设置滚动条当前的位置。

（5）ShowScrollBar( )：显示和隐藏滚动条。

实验六　列表框和组合框的设计

一、实验目的

1. 学会设计带有列表框的应用程序

2. 学会设计带有组合框的应用程序

3. 继续学习使用 Visual C++的帮助系统

4. 学会调用其他应用程序的方法

5. 熟练掌握初始化程序的方法

二、实验内容

（1）设计一个带有列表框的应用程序。程序的结构是对话框。

窗口布局如图 8-30 所示，列表框的初始状态是在其中有三项内容。每一项是一个字符串。

程序的功能：

1）双击列表框中的任一选项，MyList 将把被双击的项复制到上面的编辑框中。

2）再在列表框中双击任一项，被双击的项又被复制到上面的编辑框中。

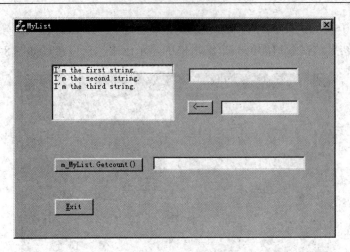

图 8-30　列表框应用程序

3）在中间的编辑框中输入一些内容，然后单击从右指向左的箭头按钮，MyList 将把编辑框的内容副本作为新的一项加入到列表框中。

4）单击 m_MyList.Getcont( )按钮，在第三个编辑框中显示列表框中的项数。

5）单击 Exit 按钮，退出程序运行。

（2）设计一个带有组合框的应用程序。程序的结构是对话框。

窗口布局如图 8-31 所示，组合框的初始状态是在其中添加 4 项内容，每一项是一个字符串。

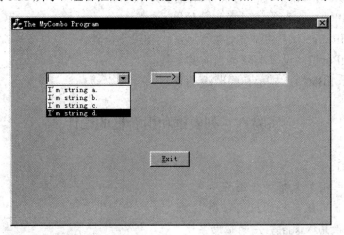

图 8-31　组合框应用程序

程序的功能：

1）单击组合框的箭头打开组合框，选中一项，单击 ——> 按钮，选中项被复制到编辑框。

2）单击 Exit 按钮，退出程序运行。

（3）设计一个应用程序，程序的结构是对话框。包含两个组合框、一个列表框、三个按钮和两项菜单。窗口布局如图 8-32 所示。

功能：

1）单击左边的组合框箭头打开组合框，并选中一项（比如张三），再打开右侧组合框，并选中一项（比如爱打乒乓球），然后单击"显示"按钮，系统将在编辑中显示："张三爱打乒乓球"。

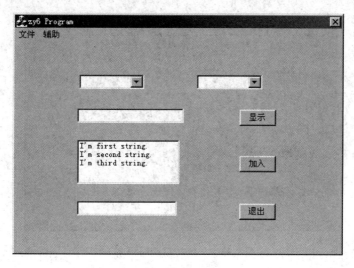

图 8-32 列表框和组合框应用程序

2）在最下边的编辑框中输入字符串，单击"加入"按钮，系统将字符串加入到列表框中。

3）单击"退出"按钮，停止程序进行。

三、所用函数

（1）GetText(int,char)：获取文本函数。其中参数 1 表示索引号；参数 2 表示内容。

（2）GetCurSel( )：返回当前选择项的索引号。

（3）GetCount( )：获取列表框中的项数。

（4）AddString（字符串常量）：将字符加到列表框中。

（5）Getline（0，变量，25）：获取文本函数（编辑框的）。其中：参数 1 表示行号；参数 2 表示内容；参数 3 表示最大数。

（6）itoa（int，char，基数）：将数值转换成字符（标准函数）。

（7）strcpy（char，字符串常量）：字符串复制函数（标准函数）。

（8）strcat(char，char)：字符串连接函数（标准函数）。

实验七 单选按钮的设计

一、实验目的

1. 学会设计带有单选按钮的应用程序

2. 学习如何使用 Visual C++的帮助系统

3. 学会分析和欣赏程序代码

4. 掌握初始化程序的方法

二、实验内容

（1）设计一个带有单选按钮的应用程序，程序的结构是对话框。

窗口布局如图 8-33 所示，名称为 MyRadio 的应用程序，有两组单选按钮并且初始状态是每组一个选中的按钮。

程序的功能：

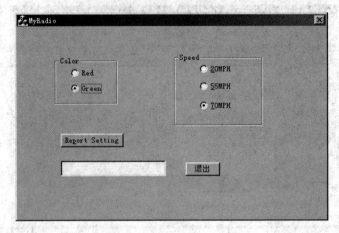

图 8-33　单选按钮应用程序 1

1）在 Color 选项区域中，单击一项没被选中的按钮。MyRadio 就在被单击的单选按钮中放置一个点，并清除其他单选按钮中的点。

2）在单击按钮的 Speed 组中，单击一项没被选中的按钮。MyRadio 就在被单击的单选按钮中放置一个点，并清除其他单选按钮中的点。

3）单击 Report Setting 按钮，在编辑框中显示选择的状态。

4）单击"退出"按钮，退出运行程序。

（2）创建一个显示成绩的单选按钮控件，成绩项包括 100、90、80、70 和 60 五档；创建一个复选框控件组，复选项为每项成绩的人数；设置一个"计算"按钮和一个"退出"按钮，并设置一个编辑框；当单击"计算"按钮时，在编辑框中显示该项成绩的总分。窗口布局如图 8-34 所示。

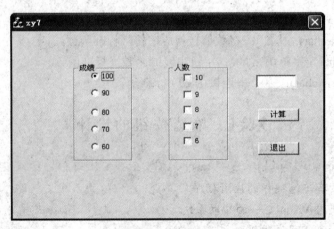

图 8-34　单选按钮应用程序 2

三、所用函数

（1）CheckRadioButton（参 1，参 2，参 3）；

参 1：组中第一个单选按钮的 ID 号。

参 2：组中最后一个单选按钮的 ID 号。

参 3：被选择的单选按钮的 ID 号。

（2）GetCheckedRadioButton（参 1，参 2）：返回一个整数，表示被选中的单选按钮的 ID 号。

参 1：组中第一个单选按钮的 ID 号。

参 2：组中最后一个单选按钮的 ID 号。

实验八　综　合　设　计

一、实验目的

1. 检验学生学习该课的理论知识以及程序设计、程序调试的能力

2. 初步掌握使用 Visual C++帮助系统的方法

3. 学会分析程序代码，并运用到自己的程序中

4. 掌握软件设计的步骤

5. 有的题目内容较多，可以分成几个小项目大家分工合作，以培养团队协作精神

二、实验内容

1. 班级评优系统

2. 通讯录

3. 图书馆管理系统

4. 学生组织管理系统

5. 田径运动会管理系统

6. 机房上机管理系统

7. 学生成绩管理系统

8. 学生选课系统

9. 学生学籍管理系统

三、要求

（1）任选一题，或自己命题，完成系统的设计。

（2）对于复杂的系统可以 2～3 人合作完成，在报告中说明每人的分工及完成情况。

（3）每一个系统要求有如下内容的文档：

1）软件开发文档（系统需求分析报告、总体功能设计报告、数据库设计报告、系统测试报告，存在的问题）。

2）软件的使用说明书。

3）软件的设计者（如果是多人合作，说明每人的分工情况）。

4）程序代码（只要自己编写的代码）。

（4）系统要求设计必要的功能，例如：数据输入、数据管理、数据查询、系统维护等；功能的操作必须提供必要的菜单。设计的界面应美观、友好，操作方便。

（5）产品——最终的结果（包括.exe 文件和电子版的综合实验报告）发到网络教学平台上。

（6）纸质的综合实验报告按时间和要求交给任课教师。

附录 A　C++语言出错中英文对照表

说明：本对照表只列出在 Visual C++ 6.0 环境下调试 C++语言程序可能出现的问题。

fatal error C1003: error count exceeds number; stopping compilation 中文对照：（编译错误）错误太多，停止编译 分析：修改之前的错误，再次编译
fatal error C1004: unexpected end of file found 中文对照：（编译错误）文件未结束 分析：一个函数或者一个结构定义缺少 "}" 或者在一个函数调用或表达式中括号没有配对出现或者注释符 "/*…*/" 不完整等
fatal error C1083: Cannot open include file: 'xxx': No such file or directory 中文对照：（编译错误）无法打开头文件 xxx：没有这个文件或路径 分析：头文件不存在或者头文件拼写错误或者文件为只读
fatal error C1903: unable to recover from previous error(s); stopping compilation 中文对照：（编译错误）无法从之前的错误中恢复，停止编译 分析：引起错误的原因很多，建议先修改之前的错误
error C2001: newline in constant 中文对照：（编译错误）常量中创建新行 分析：字符串常量多行书写
error C2006: #include expected a filename, found 'identifier' 中文对照：（编译错误）#include 命令中需要文件名 分析：一般是头文件未用一对双引号或尖括号括起来，例如 "#include stdio.h"
error C2007: #define syntax 中文对照：（编译错误）#define 语法错误 分析：例如 "#define" 后缺少宏名，例如 "#define"
error C2008: 'xxx' : unexpected in macro definition 中文对照：（编译错误）宏定义时出现了意外的 xxx 分析：宏定义时宏名与替换串之间应有空格，例如 "#define TRUE"1""
error C2009: reuse of macro formal 'identifier' 中文对照：（编译错误）带参宏的形式参数重复使用 分析：宏定义如有参数不能重名，例如 "#define s(a,a) (a*a)" 中参数 a 重复
error C2010: 'character' : unexpected in macro formal parameter list 中文对照：（编译错误）带参宏的形式参数表中出现未知字符 分析：例如 "#define s(r|) r*r" 中参数多了一个字符 '|'
error C2014: preprocessor command must start as first nonwhite space 中文对照：（编译错误）预处理命令前面只允许空格 分析：每一条预处理命令都应独占一行，不应出现其他非空格字符
error C2015: too many characters in constant 中文对照：（编译错误）常量中包含多个字符 分析：字符型常量的单引号中只能有一个字符，或是以 "\" 开始的一个转义字符，例如 "char error = 'error';"

error C2017: illegal escape sequence 中文对照：（编译错误）转义字符非法 分析：一般是转义字符位于 '' 或 " " 之外，例如 "char error = ' \n;"
error C2018: unknown character '0xhh' 中文对照：（编译错误）未知的字符 0xhh 分析：一般是输入了中文标点符号，例如 "char error = 'E';" 中 "；" 为中文标点符号
error C2019: expected preprocessor directive, found 'character' 中文对照：（编译错误）期待预处理命令，但有无效字符 分析：一般是预处理命令的#号后误输入其他无效字符，例如 "#!define TRUE 1"
error C2021: expected exponent value, not 'character' 中文对照：（编译错误）期待指数值，不能是字符 分析：一般是浮点数的指数表示形式有误，例如 123.456E
error C2039: 'identifier1' : is not a member of 'identifier2' 中文对照：（编译错误）标识符 1 不是标识符 2 的成员 分析：程序错误地调用或引用结构体、共用体、类的成员
error C2041: illegal digit 'x' for base 'n' 中文对照：（编译错误）对于 n 进制来说数字 x 非法 分析：一般是八进制或十六进制数表示错误，例如 "int i = 081;" 语句中数字 '8' 不是八进制的基数
error C2048: more than one default 中文对照：（编译错误）default 语句多于一个 分析：switch 语句中只能有一个 default，删去多余的 default
error C2050: switch expression not integral 中文对照：（编译错误）switch 表达式不是整型的 分析：switch 表达式必须是整型（或字符型），例如 "switch ("a")" 中表达式为字符串，这是非法的
error C2051: case expression not constant 中文对照：（编译错误）case 表达式不是常量 分析：case 表达式应为常量表达式，例如 "case"a"" 中 ""a"" 为字符串，这是非法的
error C2052: 'type' : illegal type for case expression 中文对照：（编译错误）case 表达式类型非法 分析：case 表达式必须是一个整型常量（包括字符型）
error C2057: expected constant expression 中文对照：（编译错误）期待常量表达式 分析：一般是定义数组时数组长度为变量，例如 "int n=10; int a[n];" 中 n 为变量，这是非法的
error C2058: constant expression is not integral 中文对照：（编译错误）常量表达式不是整数 分析：一般是定义数组时数组长度不是整型常量
error C2059: syntax error : 'xxx' 中文对照：（编译错误）'xxx' 语法错误 分析：引起错误的原因很多，可能多加或少加了符号 xxx
error C2064: term does not evaluate to a function 中文对照：（编译错误）无法识别函数语言 分析：（1）函数参数有误，表达式可能不正确，例如 "sqrt(s(s-a)(s-b)(s-c));" 中表达式不正确 　　　（2）变量与函数重名或该标识符不是函数，例如 "int i,j; j=i( );" 中 i 不是函数

续表

error C2065: 'xxx' : undeclared identifier
中文对照：（编译错误）未定义的标识符 xxx
分析：（1）如果 xxx 为 cout、cin、scanf、printf、sqrt 等，则程序中包含头文件有误 　　　（2）未定义变量、数组、函数原型等，注意拼写错误或区分大小写
error C2078: too many initializers
中文对照：（编译错误）初始值过多
分析：一般是数组初始化时初始值的个数大于数组长度，例如 "int b[2]={1,2,3};"
error C2082: redefinition of formal parameter 'xxx'
中文对照：（编译错误）重复定义形式参数 xxx
分析：函数首部中的形式参数不能在函数体中再次被定义
error C2084: function 'xxx' already has a body
中文对照：（编译错误）已定义函数 xxx
分析：在 Visual C++早期版本中函数不能重名，6.0 版本中支持函数的重载，函数名可以相同但参数不一样
error C2086: 'xxx' : redefinition
中文对照：（编译错误）标识符 xxx 重定义
分析：变量名、数组名重名
error C2087: '<Unknown>' : missing subscript
中文对照：（编译错误）下标未知
分析：一般是定义二维数组时未指定第二维的长度，例如 "int a[3][];"
error C2100: illegal indirection
中文对照：（编译错误）非法的间接访问运算符 "*"
分析：对非指针变量使用 "*" 运算
error C2105: 'operator' needs l-value
中文对照：（编译错误）操作符需要左值
分析：例如 "(a+b)++;" 语句，"++" 运算符无效
error C2106: 'operator': left operand must be l-value
中文对照：（编译错误）操作符的左操作数必须是左值
分析：例如 "a+b=1;" 语句，"=" 运算符左值必须为变量，不能是表达式
error C2110: cannot add two pointers
中文对照：（编译错误）两个指针量不能相加
分析：例如 "int *pa,*pb,*a; a = pa + pb;" 中两个指针变量不能进行 "+" 运算
error C2117: 'xxx' : array bounds overflow
中文对照：（编译错误）数组 xxx 边界溢出
分析：一般是字符数组初始化时字符串长度大于字符数组长度，例如 "char str[4] = "abcd";"
error C2118: negative subscript or subscript is too large
中文对照：（编译错误）下标为负或下标太大
分析：一般是定义数组或引用数组元素时下标不正确
error C2124: divide or mod by zero
中文对照：（编译错误）被零除或对 0 求余
分析：例如 "int i = 1 / 0;" 除数为 0
error C2133: 'xxx' : unknown size
中文对照：（编译错误）数组 xxx 长度未知
分析：一般是定义数组时未初始化也未指定数组长度，例如 "int a[];"

error C2137: empty character constant 中文对照：（编译错误）字符型常量为空 分析：一对单引号""中不能没有任何字符
error C2143: syntax error : missing 'token1' before 'token2' error C2146: syntax error : missing 'token1' before identifier 'identifier' 中文对照：（编译错误）在标识符或语言符号 2 前漏写语言符号 1 分析：可能缺少"{"、"）"或"；"等语言符号
error C2144: syntax error : missing ')' before type 'xxx' 中文对照：（编译错误）在 xxx 类型前缺少'）' 分析：一般是函数调用时定义了实参的类型
error C2181: illegal else without matching if 中文对照：（编译错误）非法的没有与 if 相匹配的 else 分析：可能多加了"；"或复合语句没有使用"{}"
error C2196: case value '0' already used 中文对照：（编译错误）case 值 0 已使用 分析：case 后常量表达式的值不能重复出现
error C2296: '%' : illegal, left operand has type 'float' error C2297: '%' : illegal, right operand has type 'float' 中文对照：（编译错误）%运算的左（右）操作数类型为 float，这是非法的 分析：求余运算的对象必须均为 int 类型，应正确定义变量类型或使用强制类型转换
error C2371: 'xxx' : redefinition; different basic types 中文对照：（编译错误）标识符 xxx 重定义；基类型不同 分析：定义变量、数组等时重名
error C2440: '=' : cannot convert from 'char [2]' to 'char' 中文对照：（编译错误）赋值运算，无法从字符数组转换为字符 分析：不能用字符串或字符数组对字符型数据赋值，更一般的情况，类型无法转换
error C2447: missing function header (old-style formal list?) error C2448: '<Unknown>' : function-style initializer appears to be a function definition 中文对照：（编译错误）缺少函数标题（是否是老式的形式表？） 分析：函数定义不正确，函数首部的"( )"后多了分号或者采用了老式的 C 语言形参表
error C2450: switch expression of type 'xxx' is illegal 中文对照：（编译错误）switch 表达式为非法的 xxx 类型 分析：switch 表达式类型应为 int 或 char
error C2466: cannot allocate an array of constant size 0 中文对照：（编译错误）不能分配长度为 0 的数组 分析：一般是定义数组时数组长度为 0
error C2601: 'xxx' : local function definitions are illegal 中文对照：（编译错误）函数 xxx 定义非法 分析：一般是在一个函数的函数体中定义另一个函数
error C2632: 'type1' followed by 'type2' is illegal 中文对照：（编译错误）类型 1 后紧接着类型 2，这是非法的 分析：例如"int float i;"语句

error C2660: 'xxx' : function does not take n parameters 中文对照：（编译错误）函数 xxx 不能带 *n* 个参数 分析：调用函数时实参个数不对，例如"sin(x,y);"
error C2664: 'xxx' : cannot convert parameter n from 'type1' to 'type2' 中文对照：（编译错误）函数 xxx 不能将第 *n* 个参数从类型 1 转换为类型 2 分析：一般是函数调用时实参与形参类型不一致
error C2676: binary '<<' : 'class istream_withassign' does not define this operator or a conversion to a type acceptable to the predefined operator error C2676: binary '>>' : 'class ostream_withassign' does not define this operator or a conversion to a type acceptable to the predefined operator 分析：">>"、"<<"运算符使用错误，例如"cin<<x; cout>>y;"
error C4716: 'xxx' : must return a value 中文对照：（编译错误）函数 xxx 必须返回一个值 分析：仅当函数类型为 void 时，才能使用没有返回值的返回命令
fatal error LNK1104: cannot open file "Debug/Cpp1.exe" 中文对照：（链接错误）无法打开文件 Debug/Cpp1.exe 分析：重新编译链接
fatal error LNK1168: cannot open Debug/Cpp1.exe for writing 中文对照：（链接错误）不能打开 Debug/Cpp1.exe 文件，以改写内容 分析：一般是 Cpp1.exe 还在运行，未关闭
fatal error LNK1169: one or more multiply defined symbols found 中文对照：（链接错误）出现一个或更多的多重定义符号 分析：一般与 error LNK2005 一同出现
error LNK2001: unresolved external symbol _main 中文对照：（链接错误）未处理的外部标识 main 分析：一般是 main 拼写错误，例如"void main( )"
error LNK2005: _main already defined in Cpp1.obj 中文对照：（链接错误）main 函数已经在 Cpp1.obj 文件中定义 分析：未关闭上一程序的工作空间，导致出现多个 main 函数
warning C4003: not enough actual parameters for macro 'xxx' 中文对照：（编译警告）宏 xxx 没有足够的实参 分析：一般是带参宏展开时未传入参数
warning C4067: unexpected tokens following preprocessor directive - expected a newline 中文对照：（编译警告）预处理命令后出现意外的符号—期待新行 分析："#include<iostream.h>;"命令后的";"为多余的字符
warning C4091: '' : ignored on left of 'type' when no variable is declared 中文对照：（编译警告）当没有声明变量时忽略类型说明 分析：语句"int ;"未定义任何变量，不影响程序执行
warning C4101: 'xxx' : unreferenced local variable 中文对照：（编译警告）变量 xxx 定义了但未使用 分析：可去掉该变量的定义，不影响程序的执行
warning C4244: '=' : conversion from 'type1' to 'type2', possible loss of data 中文对照：（编译警告）赋值运算，从数据类型 1 转换为数据类型 2，可能丢失数据 分析：需正确定义变量类型，数据类型 1 为 float 或 double、数据类型 2 为 int 时，结果有可能不正确，数据类型 1 为 double、数据类型 2 为 float 时，不影响程序的结果，可忽略该警告

warning C4305: 'initializing' : truncation from 'const double' to 'float' 中文对照：（编译警告）初始化，截取双精度常量为 float 类型 分析：出现在对 float 类型变量赋值时，一般不影响最终的结果
warning C4390: ';' : empty controlled statement found; is this the intent? 中文对照：（编译警告）';'控制语句为空语句，是程序的意图吗？ 分析：if 语句的分支或循环控制语句的循环体为空语句，一般是多加了";"
warning C4508: 'xxx' : function should return a value; 'void' return type assumed 中文对照：（编译警告）函数 xxx 应有返回值，假定返回类型为 void 分析：一般是未定义 main 函数的类型为 void，不影响程序的执行
warning C4552: 'operator' : operator has no effect; expected operator with side-effect 中文对照：（编译警告）运算符无效果；期待副作用的操作符 分析：例如"i+j;"语句，"+"运算无意义
warning C4553: '==' : operator has no effect; did you intend '='? 中文对照：（编译警告）"=="运算符无效；是否为"="？ 分析：例如 "i==j;" 语句，"=="运算无意义
warning C4700: local variable 'xxx' used without having been initialized 中文对照：（编译警告）变量 xxx 在使用前未初始化 分析：变量未赋值，结果有可能不正确，如果变量通过 scanf 函数赋值，则有可能漏写"&"运算符，或变量通过 cin 赋值，语句有误
warning C4715: 'xxx' : not all control paths return a value 中文对照：（编译警告）函数 xxx 不是所有的控制路径都有返回值 分析：一般是在函数的 if 语句中包含 return 语句，当 if 语句的条件不成立时没有返回值
warning C4723: potential divide by 0 中文对照：（编译警告）有可能被 0 除 分析：表达式值为 0 时不能作为除数
warning C4804: '<' : unsafe use of type 'bool' in operation 中文对照：（编译警告）'<'：不安全的布尔类型的使用 分析：例如关系表达式"$0<=x<10$"有可能引起逻辑错误

参 考 文 献

[1] 张丽静. C++程序设计教程[M]. 2版. 北京：中国电力出版社，2010.

[2] 谭浩强. C++程序设计[M]. 2版. 北京：清华大学出版社，2004.

[3] 谭浩强. C++程序设计解题与上机指导[M]. 2版. 北京：清华大学出版社，2004.

[4] 胡也，等. C++应用教程[M]. 2版. 北京：清华大学出版社，北京交通大学出版社，2005.

[5] Timothy B.D'Orazio. PROGRAMMING IN C++ Lessons and Applications[M]. 北京：清华大学出版社，2004.

[6] Ori Gurewich Nathan Gurewich. 精通 Visual C++2.0 for Windows 95[M]. 北京：学苑出版社，1995.

[7] 吴乃陵，李海文. C++程序设计实践教程[M]. 2版. 高等教育出版社，2006.

[8] 吴文虎. 程序设计基础[M]. 2版. 北京：清华大学出版社，2004.

[9] 丁海军，等. 程序设计基础（C语言）[M]. 北京：北京航空航天大学出版社，2009.

[10] 刘维富，等. C语言程序设计一体化案例教程[M]. 北京：清华大学出版社，2009.